国家开放大学
THE OPEN UNIVERSITY OF CHINA

国家开放教育汽车类专业（本科）规划教材
全国汽车职业教育人才培养工程规划教材

汽车排放与噪声控制

国家开放大学汽车学院组织编写
谭建伟　葛蕴珊　主编

U0293977

人民交通出版社股份有限公司·北京
国家开放大学出版社·北京

内 容 提 要

本书为国家开放教育汽车类专业(本科)规划教材、全国汽车职业教育人才培养工程规划教材之一。主要内容包括:汽车排气污染物的危害、汽油机有害排放物及其控制、柴油机排气污染物及其控制、发动机排气后处理技术、汽车排放控制法规和测量技术、在用车排放控制和诊断系统、车用燃料与排放、汽车噪声控制。

本书可作为普通高等教育院校汽车服务工程和其他相关专业教材或教学参考书,也可供汽车服务行业和相关工程技术人员参考使用。

图书在版编目(CIP)数据

汽车排放与噪声控制/谭建伟,葛蕴珊主编. —北京:人民交通出版社股份有限公司:国家开放大学出版社,2019.6

ISBN 978-7-114-15253-5

Ⅰ.①汽… Ⅱ.①谭…②葛… Ⅲ.①汽车排气—空气污染控制②汽车噪声—噪声控制 Ⅳ.①X734.201②U461

中国版本图书馆 CIP 数据核字(2018)第 294039 号

书　　名:汽车排放与噪声控制
著　作　者:谭建伟　葛蕴珊
责任编辑:郭　跃
责任校对:赵媛媛
责任印制:张　凯
出版发行:人民交通出版社股份有限公司
　　　　　国家开放大学出版社
地　　址:(100011)北京市朝阳区安定门外外馆斜街 3 号
　　　　　(100039)北京市海淀区西四环中路 45 号
网　　址:http://www.ccpress.com.cn
　　　　　http://www.crtvup.com.cn
销售电话:(010)59757973
　　　　　(010)68180820
总 经 销:人民交通出版社股份有限公司发行部
经　　销:各地新华书店
印　　刷:北京市密东印刷有限公司
开　　本:787×1092　1/16
印　　张:11.25
字　　数:254 千
版　　次:2019 年 6 月　第 1 版
印　　次:2019 年 6 月　第 1 次印刷
书　　号:ISBN 978-7-114-15253-5
定　　价:28.00 元

(有印刷、装订质量问题的图书由本公司负责调换)

总　序

　　国家开放大学汽车学院是在 2004 年北京中德合力技术培训中心与原中央广播电视大学 (现国家开放大学) 共同创建的汽车专业 (专科) 基础上,由国家开放大学、中国汽车维修行业协会、中国汽车文化促进会、北京中德合力技术培训中心四方合作于 2013 年 11月 26 日挂牌成立。旨在通过整合汽车行业、社会现有优质教育资源,搭建全国最大的汽车职业教育平台,促进我国汽车行业从业人员终身教育体系建设,以及人人皆学、时时能学、处处可学的学习型行业的形成与发展。

　　在 2003 年颁布的《教育部等六部门关于实施职业院校制造业和现代服务业技能型紧缺人才培养培训工程的通知》中,汽车维修专业被确定为紧缺人才专业。国家开放大学为了满足从业人员业余学习的需要,从 2005 年春季学期起开办汽车专业 (维修方向) (专科)、汽车专业 (营销方向) (专科),至 2018 年春季学期,汽车专业 (专科) 在 32 个地方电大系统、汽车行业以及部队建立学习中心,基本覆盖了全国各地。累计招生 103,531 人,毕业 41,740 人,在籍 57,470 人,为缓解我国对汽车行业紧缺人才的现实需求和加快培养培训做出了积极贡献。

　　2017 年,国家开放大学增设汽车服务工程 (本科) 专业,汽车学院随即开展了专业建设和教学模式探索,确定了全网教学模式资源建设方案。学生将利用国家开放大学学习网和汽车学院企业微信平台完成线上学习和考试,线下完成毕业实习和毕业论文。为适应全网教学模式的需要,汽车学院组织编写了本套国家开放教育汽车类专业 (本科) 规划教材、全国汽车职业教育人才培养工程规划教材。这为满足汽车行业从业人员提升学历层次和职业技能的时代要求提供了必要的现实条件,为最终建成全国最大的远程开放汽车职业教育平台奠定了基础。

　　本套教材具有如下特点:

　　第一,针对性强。教材内容的选择、深浅程度的把握、编写体例严格按照国家开放大学关于开放教育教材的编写要求进行,满足成人教育的需要。

　　第二,专业特色鲜明。汽车服务工程 (本科) 专业 (专科起点) 是应用型专业。教材主编均来自高校长期从事汽车专业本科教学的一线专家教授,他们教学和实践经验丰富,所选内容强化了应用环节,理论和实验部分比例适当,联系紧密,实用性强。

　　第三,配合全网教学模式需要。全套教材是配套全网教学模式需要编写的。在内容的选取上满足全媒体网络课件制作的需要。对传统教材编写是一突破。教材配合网上资源一起使用,增加了教材的可读性、可视性、知识性和趣味性。

　　第四,整合优质资源。本套教材由国家开放大学出版社、人民交通出版社股份有限公司联合出版发行的国家开放教育汽车专业 (本科) 规划教材、全国汽车行业人才培养工程规划教材,面向国家开放大学系统和全社会公开发行,不但适合国家开放大学的需要,也适合其他高等院校汽车服务工程 (本科) 专业的教学需要。

　　在本套教材的组编过程中,国家开放大学就规划教材如何做出鲜明行业特色做了重要指示,国家开放大学出版社做了大量细致的编辑策划及出版工作。北京中德合力技术培训中心承担了教材编写、审定的组织实施及出版、发行等环节的沟通协调工作。中国汽车维修行业协会积极调动行业资源,深入参与教材的组织编写,人民交通出版社股份有限公司积极提供各种资源。中国汽车文化促进会积极推荐主编人选,参与教材编写的组织工作。各教材主编、参编老师和专家们认真负责、兢兢业业,确保教材的组编工作如期完成。没有他们认真负责的工作和辛勤的劳动付出,本套教材的编写、出版、发行就不可能这么顺利进行。借此机会,对所有参与、关心、支持本套教材编辑、出版、发行的先生、女士表示衷心感谢!

本套教材编写时间紧,协调各方优质资源任务重,难免存有不足之处,还请使用者批评指正,不吝赐教。

2019 年 1 月

前　言

　　《汽车排放与噪声控制》是国家开放教育汽车类专业(本科)规划教材、全国汽车职业教育人才培养工程规划教材之一。

　　通过对本书的学习,使学生能够掌握汽车排放与噪声控制的基本知识,掌握汽油车、柴油车污染物排放的相关知识,了解汽车噪声控制的基本理论等知识,使学生具备本专业所必需的基础理论、专业知识和技能,成为高等职业教育应用型人才。

　　本书的编写是根据专业培养目标和培养对象的认知水平及学习特点,将汽车相关污染物排放基础知识紧密围绕汽车专业特点展开阐述,教材实现污染物控制知识与汽车专业知识的有机结合,以"必需、够用、有效、经济"为原则,对教学内容进行整合优化和深度融合,在内容编排上突出介绍排放后处理技术在汽车专业上的运用,教材很好地体现汽车专业学习中的基础性和实用性,具有专业知识和技能培养的针对性。

　　本书由北京理工大学谭建伟、葛蕴珊担任主编,编写分工:郝利君副教授(第一章、第二章)、谭建伟副教授(第三章、第四章、第五章)、王欣教授(第六章、第七章)、葛蕴珊教授(第八章)。在教材的编写过程中,承蒙国家开放大学和兄弟院校及企业有关同志的大力支持,在此向他们表示衷心的感谢。此外,本书在编写过程中参考了大量的文献资料,在此向原作者表示谢意。由于作者知识水平有限,书中难免存在疏漏之处,敬请读者批评指正。

编　者

2019 年 3 月

学习指南

0.1 学习目标

完成本门课程的学习之后,你将达到以下目标:

1.认知目标

(1)掌握汽车污染物排放的特点。

(2)掌握汽车污染物的危害性。

(3)掌握汽油车排放的特点。

(4)掌握柴油车排放的特点以及汽油车与柴油车排放的差异性。

(5)掌握发动机机内净化的措施。

(6)掌握曲轴箱通风的基本原理。

(7)了解世界著名的光化学烟雾事件。

(8)了解温室气体产生危害的工作原理

(9)掌握汽车氮氧化物产生的基本原因。

(10)掌握机动车排放标准的发展历程。

(11)掌握在用机动车排放检测的标准及方法。

(12)掌握汽车噪声的基本来源。

2.技能目标

(1)能够给出 NO_x 和 PM 的控制技术措施。

(2)能够分析空燃比对有害成分的影响。

(3)能够根据发动机的基础知识,分析废气再循环(EGR)的基本原理。

(4)能够分析直喷式柴油机主要污染物及影响因素。

(5)能够分析柴油机微粒的生成机理。

(6)能够熟悉柴油机微粒的理化特性。

(7)熟悉柴油机氮氧化物后处理技术的主要组成部分。

(8)熟悉柴油机颗粒捕集器(DPF)后处理技术的主要组成部分。

(9)能够辨识发动机直接取样与稀释取样方法的不同。

(10)能够熟悉发动机机内净化的措施。

(11)根据燃料的基础知识,能够熟悉不同燃料的特点,分析汽车使用不同燃料时的排放特性。

(12)能够正确识别不同分析仪在汽车尾气中的应用。

3.情感目标

(1)发挥自主学习的能力和团队合作精神,养成良好的工作作风。

(2)发挥收集、分析学习资料的能力,培养归纳、总结、关联知识点的能力。

(3)养成分析问题、解决问题的能力。

0.2 学习内容

本教材包括以下内容:

1. 汽车排气污染物的危害

本部分主要包括汽车污染物的基本定义,汽车对环境的影响主要体现在排气污染和噪声污染两个方面。本章主要介绍了汽车排气污染物种类,以及汽车排气污染物对大气环境和对人体健康的危害;介绍了光化学烟雾和温室效应的形成机理、不良影响及危害;介绍了中国机动车污染物的排放量等内容。

2. 汽油机的有害排放物及其控制

本部分主要包括汽油机有害排放物包括一氧化碳、碳氢化合物、氮氧化物的生成机理和主要影响因素,并针对汽油机有害排放物的生成特点,介绍了汽油机机内净化技术,包括电控燃油喷射、电控点火及燃烧室改进等技术措施。另外,还介绍了废气再循环 EGR 系统、曲轴箱排放控制系统及燃油蒸发控制系统的工作原理、功用及控制方法。

3. 柴油机排气污染物及其控制

本部分主要包括柴油机所用燃料及其燃烧方式的特征,介绍了柴油机排放的 CO 和 HC 相对汽油机来说要少得多,但排放的 NO_x 与汽油机在同一个数量级,而微粒和炭烟的排放要比汽油机大几十倍甚至更多。因此,柴油机的排放控制重点是 NO_x 与微粒(包括炭烟),其次是 HC。柴油机燃烧过程的改善往往会引起 NO_x 排放增加,这就为柴油机的排放控制造成特殊困难。汽油机的 NO_x 可以通过三效催化器来有效降低或通过稀燃加以减少,而柴油机由于不均匀燃烧的富氧排气中的 NO_x 净化目前只能通过 SCR 等后处理系统加以降低,如何保证在柴油机良好性能的前提下,NO_x、PM 等污染物均保持较低的水平,是柴油机面临的挑战。

4. 发动机排气后处理技术

本部分主要包括发动机尾气后处理技术,在排放标准较低的阶段,一般仅依靠缸内净化即可达到,但是随着排放法规越来越严格,仅依靠缸内净化已经难以满足其严格的排放标准了,特别是对于柴油机,实施国Ⅵ标准以后,尾气后处理技术不断应用到柴油机发动机上,以减少排气中的 PM 和 NO_x。

5. 汽车排放控制法规和测量技术

本部分介绍了世界上主要发布汽车排放法规的国家。与欧美发达国家相比,我国汽车排放法规实施时间较短、起步较晚、水平也相对较低。按照我国的基本国情,从 20 世纪 80 年代初期才制定了先易后难并且分阶段实施的基本方案,目前,我国已经发布轻型车、重型车国Ⅵ标准,与欧洲Ⅵ标准类似。不久的将来,我国的排放标准将不低于国外同类的标准。

6. 在用车的排放控制和诊断系统

本部分主要介绍了 I/M 制度的基本概念、发展历程和实施意义,简要解释了 OBD 及主要监测项目的工作原理,最后结合我国的在用车排放检测法规,介绍了在我国较为常见的 I/M 排放测试方法。

7. 车用燃料与排放

本部分主要介绍了汽油、柴油和常见代用燃料的性质和对发动机排放的影响,着重介绍了燃油降烯烃和降硫对改善发动机排放的作用。最后,结合常用的几种燃料,介绍了各种燃料发动机目前的应用情况。

8.汽车噪声控制

本部分重点介绍了噪声的基础知识,噪声是由振动而产生的,声级和频率是噪声的基本要素,噪声评价和测量一般以 A 声级为准。发动机噪声是汽车噪声的主要来源,按产生机理划分,发动机噪声可分为燃烧噪声、机械噪声和空气动力性噪声,针对不同的噪声产生机理,需要采取不同的噪声控制措施。

0.3　学习准备

在学习本教材之前,你应具有内燃机的基础知识以及使用计算机或手机进行网页浏览、资料下载等能力。

目 录

第1章 汽车排气污染物的危害

导言

本章主要介绍汽车对环境的主要影响,重点介绍了汽车排气污染物种类,包括一氧化碳(CO)、碳氢化合物(HC)、氮氧化物(NO_x)及颗粒物(PM)等,介绍了汽车排气污染物对大气环境和人体健康的危害;介绍了光化学烟雾和温室效应的形成机理、不良影响及危害。通过学习本章内容,力求使学生了解汽车排气污染物对大气环境和人体健康的影响及危害等基础知识,为学生继续学习相关章节打下坚实的基础。

学习目标

1. 认知目标

(1) 了解汽车对环境的主要影响及大气污染的定义。

(2) 掌握汽车排气污染物种类及汽车排气污染物对大气环境和人体健康的危害。

(3) 掌握光化学烟雾和温室效应的形成机理、不良影响及危害。

(4) 了解机动车污染物排放的分担率。

2. 技能目标

能够从汽车排气污染物对大气环境和人体健康的危害出发,理解贯彻国家节能减排政策的重要性。

1.1 汽车排气污染物对大气环境的影响

汽车的发展经历了一个漫长的过程。1766 年,英国发明家瓦特(1736—1819 年)改进了蒸汽机,拉开了第一次工业革命的序幕。1769 年,法国陆军工程师古诺(1725—1804 年)制造出第一辆蒸汽机驱动的汽车。1886 年,卡尔·奔驰制造出世界上首辆三轮汽车。1888 年奔驰生产出世界上第一辆供出售的汽车。历经上百年来的不断改进、创新,汽车已发展为具有多种形式、不同规格,被广泛用于社会经济生活多个领域的交通运输工具。

目前,汽车工业已经成为世界经济发展的支柱产业。汽车工业的发展涉及许多产业部门,带动了机械制造业、钢铁冶金、石油化工、橡胶工业、电子工业、纺织工业等的发展,促进了城市的市政建设以及与汽车有关的第三产业的发展。同时,汽车工业是附加产值很高的加工工业,汽车贸易在世界贸易中也有着举足轻重的地位,它是创造社会财富,提高国民收入的重要财源之一。总之,当今汽车工业融合了多种先进技术,结构复杂,产量大,已成为世界上引人注目的一个国际性支柱产业。

随着汽车保有量的快速增加,汽车在给人们的生活带来极大便利的同时也带来了严重的污染危害,威胁着人们的生活环境和人们的生命健康。汽车对环境的影响主要体现在以下几方面:

(1)汽车对大气环境的污染。汽车排放污染物对大气环境及空气质量造成危害,尤其是汽车尾气的有害成分非常多,主要包括一氧化碳(CO)、碳氢化合物(HC)、氮氧化物(NO_x)、硫化物、铅类、醛类、苯类以及悬浮颗粒物等。

(2)汽车对水资源的污染。汽车在生产、使用中所采用的材料、燃料以及所产生的废料在加工、处理及回收过程中产生的污染,在污染大气环境的同时,经过大气降雨或排水等途径流入水源或地下,对水资源造成污染。

(3)汽车所带来的噪声污染。汽车在起动和行驶过程中会产生机器的轰鸣声,包括内燃机、喇叭、轮胎等都会发出一些声音,这些汽车噪声严重地影响了人们的身体健康。近年来,城市机动车辆增长很快,伴随而来的交通噪声污染环境现象日益突出。噪声污染虽然不是一种严重危及生命或破坏生态的环境问题,但会给人的生理及心理带来不适,甚至导致疾病,从而影响人们的生活质量。

大气污染、水污染和噪声污染是当今世界三大公害,本书主要从大气污染和噪声污染两个方面介绍汽车排气污染和噪声污染及其相关控制技术。

1.1.1 世界主要污染事件

大气污染是指人为的排放污染物和它们进一步反应产生的二次污染物在大气中累积到一定程度而危害人类身体健康和破坏自然环境的现象。使大气受到污染的物质大致可以分为气态物质和以微粒状存在于大气中的固体、液体烟雾等污染物质构成的粒状浮游物质两类;或者可以分为由发生源直接排出的一次污染物和在大气中生成的二次污染物两大类。它们的化学性质,可以认为由所在的元素及其化合物、盐类、铬盐和聚合物等构成。目前,在人口稠密和工业发达区域,一般注意的一次污染物有一氧化碳、硫氧化物、氮氧化物、碳化氢、粒状浮游物质和重金属;而对于全球性的大气污染,要注意的一次污染物有二氧化碳,粒状浮游物质,铁、汞等金属元素等。从毒理学观点来看,二氧化碳本身是无毒的,然而由于它以每年 0.77×10^{-6} 的比率持续增长,其吸收红外线热量而产生的"温室效应"也相应地持续增强,结果必然对全球性的气候造成不良影响。作为二次污染物,除光化学氧化剂外,金属的硫酸盐、铬盐、硫酸铵/碳酸盐等也已被重点关注和监测。

世界上第一次严重的大气污染事件发生在英国的伦敦,史称"伦敦烟雾"事件。"伦敦烟雾"事件中的一次污染物是 SO_2 和煤尘,二次污染物是硫酸雾和硫酸盐气溶胶,它是由于大量燃烧煤炭所造成的,所以属煤烟型烟雾。1873 年 12 月,震惊世界的"伦敦烟雾"事件首次发生在英国伦敦,直接受害死亡人数达到 268 人。之后,又多次发生类似事件,造成生命和财产的巨大损失。最严重的一次事件发生在 1952 年 12 月上旬的一天,当时伦敦气温在 0 ℃ 以下,湿度达到 100%,连续四天浓雾蔽日,空气寂然,加上大量煤烟持续排入大气,黑烟越积越厚,大气中烟尘最高浓度达到 4.46mg/L,能见度只有几十英尺,以致飞机停飞,汽车停止行驶,受害死亡人数达 4000 余人,肺炎、肺结核、流感、心脏病等的发病率成倍增长,在浓雾渐渐散去之后的两个月内，又陆续有 8000 人死亡。当时还不清楚这么多人死亡的原因，直到 1962 年英国政府才查明"肇事者"是硫酸雾，它是烟雾中的 SO_2 遇到空气中的水分在煤烟颗粒物存在的条件下所发生的催化反应形成的产物。近年来，由于政府的积极治理，这一类公害事件已经得到控制。

日本大型石油化工城市四日市由于大量燃用中东高硫重油，每年排出的 SO_2 和粉尘总量高达 13 万 t，大气中 SO_2 的最高浓度超过人体允许浓度的 5~6 倍，并且污染物中混有铅、锰、钛等有害金属颗粒，长年累月侵蚀着人的呼吸器官，该城市于 1961 年开始产生了一种严重的"四日市哮喘病"，一度蔓延至日本全国。据相关报道，1972 年，该类患者高达 6376 人，后经日本政府采取有效措施，现已经获得显著改善。

由于汽车排放导致严重大气污染的事件最早发生在 1942 年美国加州南部的海滨城市洛杉矶市，这就是著名的"洛杉矶光化学烟雾事件"。此后这种烟雾于每年的夏、秋季节在该市频繁发生，造成了很大的伤害，仅 1955 年的一次事件中，该市 65 岁以上老人死亡人数约 400 人，成千上万的人出现了红眼、流泪、喉痛、胸闷和呼吸困难等疾病症状，甚至在远离洛杉矶市 100km 之外的 2000m 的高山上，很多松树枯死，附近大面积的农作物和经济作物遭受严重损失，引起美国政府和民众的一片惊慌。

造成这一严重事件的罪魁祸首是谁？美国科学家带着这个问题研究了十余年，才确认这是由汽车排出的 NO_x 和 HC 经过光化学反应生成臭氧等二次污染物造成的。据数据显示报道，在 20 世纪 40 年代，洛杉矶市汽车保有量就超过了 200 万辆，每年燃用汽油超过 500 万加仑。1955 年，洛杉矶市汽车保有量超过 350 万辆。

类似洛杉矶市的污染事件，在很多大城市也多次发生过。日本东京于 1970 年 7 月 18 日发生的一次光化学烟雾事件中，受害人数高达 6000 人，当天正在参加体育运动的女子高级中学学生的呼吸机能受到损伤，有 40 多名学生当场昏倒被送往医院抢救。1973 年，东京光化学氧化剂 1 小时浓度值超过 0.12×10^{-6} 的天数超过 300 天，1980 年则少于 100 天，说明大气质量有了改善。

汽车排放对大气环境的污染主要来自内燃机的排气产物，世界各国为了防治大气污染，纷纷制定了各自的汽车排放控制法规，尤其是美国加州法规最为严格，欧洲、日本次之。我国多年来借鉴欧洲的汽车排放法规体系，近几年已逐步形成具有中国特色的汽车排放法规框架和执法体系。总之，保护人类赖以生存的环境已成为世界共同关心的问题，防治汽车污染已经成了刻不容缓的全球性问题，这就需要我们共同努力在科技创新、节能减排等方面来防治汽车污染。

1.1.2　气体污染物

汽车排放的主要气体污染物是 CO、NO_x、HC、SO_2 等气体。内燃机排气中的 CO_2，它是正常燃烧的主要产物，虽然 CO_2 本身是无毒的，但它却是引起著名的"温室效应"的主要成分，所以备受全球关注。排气中的 SO_2 的含量与燃料中的含硫量有关，一般来说，柴油机比汽油机排放的 SO_2 要多。SO_2 对内燃机使用的催化净化装置有破坏作用，即使少量的 SO_2 堆积在催化剂的表面，也会降低催化剂的使用寿命。同时，SO_2 是生成柴油机排气微粒的原因之一。但总的来说，与其他发生源相比，由于燃油中硫含量的不断降低，汽车排放的 SO_2 所占比例很小。从大气污染角度来看，不是汽车排放的主要问题。

1. 一氧化碳(CO)

汽车尾气中 CO 的产生是氧气不足,燃烧不充分而生成的中间产物。混合气中的氧气量充足时,理论上燃料燃烧后不会存在 CO。但发动机在实际工作过程中,各缸混合气不均匀,局部区域会出现缺氧的情况或出现局部温度过低,导致烃类燃料不完全燃烧,从而导致 CO 的产生。此外,排气中的 H_2 具有一定的还原作用,能将少量的 CO_2 直接还原成 CO。

2. 碳氢化合物(HC)

发动机的燃料未完全燃烧或部分被分解、氧化而产生碳氢化合物排放。不论是汽油机还是柴油机都是通过火焰传播使燃料燃烧的,但是紧靠缸壁的附面层气体(厚度约为 0.05 ~ 0.5mm)因低温缸壁的冷却作用,火焰传播不到,从而使这层混合气中 HC 随着废气排出。由于柴油机中与大部分汽缸壁面直接接触的是空气而不是混合气(壁面油膜蒸发混合方式除外),采用壁面油膜蒸发混合方式的柴油机,壁面直接与燃油接触的面积与燃烧室表面相比也非常小,因此,在柴油机中几乎不存在汽油机中由燃烧室壁面"火焰焠熄"以及汽缸壁和燃烧室壁面沉积物所释放的 HC。

3. 氮氧化物(NO_x)

从发动机的燃烧过程看,排放的氮氧化物 95% 以上可能是一氧化氮(NO),其余的是二氧化氮(NO_2),总称为氮氧化物(NO_x)。NO 主要来源是供给发动机用作助燃剂的空气中的分子状氮(N_2),汽油和柴油本身含氮很少,不足以产生大量的 NO_x 排放。只有重柴油和重油可能含有千分之几(质量分数)的氮。NO 的生成主要与温度有关,另外,氧浓度高和反应时间长也是 NO 生成的重要因素。

4. 氨气(NH_3)

轻型汽油车尾气中的氨气产生来自两方面:一是燃料的燃烧;二是尾气催化装置消除常规气体污染物(CO、HC、NO_x)过程中的二次产物。为了实现 CO、HC、NO_x 三种污染物较高的转化率,需要将 λ 精确控制在 14.7 左右,人们把此区域称为"控制窗口"。为了有效拓宽 TWC 的"λ 窗口",现代轻型车的 TWC 普遍添加了具有改善其储氧能力的催化剂 CeO_2,CeO_2 基材料(CeO_2—CeO_2-x + O_2)具有优异的储—放氧能力,可有效拓宽汽车 TWC 的"λ 窗口",已成为汽车催化剂不可或缺的关键材料。CeO_2 材料在催化剂中的分布也会影响 NH_3 的产生,这是因为 CeO_2 会影响水气的变化和重整。同时,由于其较强的氧解离能力,会促进 NO 的分解,因此合理地布置 CeO_2,会起到减少 NH_3 生成的作用,也就是说,通过催化剂配方的调整,能够有效地控制 TWC 后的 NH_3 排放。

1.1.3 颗粒物污染

颗粒物是由各种组分混合而成,包括炭烟和未燃烧燃料的可溶性有机组分、燃料中燃烧生成的硫酸盐等无机盐、润滑油中的灰分以及金属物质或添加剂等。柴油机相对于汽油机有较多的颗粒物排放。通常,颗粒物先由聚集的烃类和硫组成核态颗粒物,大颗粒则由碳和金属灰分以及覆盖在上面的有机组分组成,许多基本粒子聚集在一起串成大的颗粒物,形成链状结构。组成颗粒物的两大主要组分是炭烟和可溶性有机物。炭烟是柴油机排放微粒的主要组成部分,通常称为干炭烟。它主要由柴油中的含有的碳产生,其生成条件是高温和缺氧。由于汽缸内混合气不均匀,在高温燃烧时,尽管总体是足氧燃烧,但是局部依然会发生缺氧导致燃油不完全燃烧,直接高温裂解形成初始碳微粒。可溶有机物主要来源于未燃的柴油、润滑油及燃料燃烧过程中的中间产物,可溶性有机物是极为复杂的有机物的混合体,主要包括正烷烃,异烷烃,部分萘、菲等多环芳烃以及少量的脂类和烯烃。这一部分有机物主要来源于未燃烧燃油中的重馏分、已经热解但未燃烧消耗的不完全燃烧产物以及由于活塞环窜油作用进入燃烧室的润滑油组分。

金属无机物也是柴油机排放颗粒物的组分之一。润滑油中金属添加剂较多,同时发动机运转过程中零部件高速摩擦,而摩擦的金属屑也会通过润滑油进入汽缸燃烧室,这也是金属无机物的主要来源。

根据我国已经完成的第一批城市大气细颗粒物($PM_{2.5}$)源解析结果,大多数城市 $PM_{2.5}$ 浓度的贡献仍以燃煤排放为主,部分城市机动车排放已成为 $PM_{2.5}$ 的首要来源。比如,深圳、北京、济南、上海、杭州和广州等城市的移动源排放为首要来源,占比分别达到 52.1%、45.0%、32.6%、29.2%、28.0% 和 21.7%。

依据 2017 年我国机动车污染物排放量统计数据,机动车排放的 CO、HC、NO_x 及颗粒等污染物在大气污染源中分担率占比较高的省份,依次为山东、广东、河北、江苏、河南等地。但在大气重污染期间,机动车排放在本地污染积累过程中的作用更加明显。因此,须采用先进的控制技术,改善汽车内燃机的燃烧过程,减少有害物排放,并且从法规角度加大对机动车排放控制力度,降低机动车排气污染,改善环境质量。

1.1.4 中国机动车污染物排放量现状

2017 年,全国机动车四项污染物排放总量初步核算为 4359.7 万 t,比 2016 年削减 2.5%。其中,一氧化碳(CO)3327.3 万 t,碳氢化合物(HC)407.1 万 t,氮氧化物(NO_x)574.3 万 t,颗粒物(PM)50.9 万 t。汽车是污染物排放总量的主要来源,其排放的一氧化碳(CO)和碳氢化合物(HC)超过 80%,氮氧化物(NO_x)和颗粒物(PM)超过 90%。各类机动车污染物排放量分担率如图 1-1 所示。

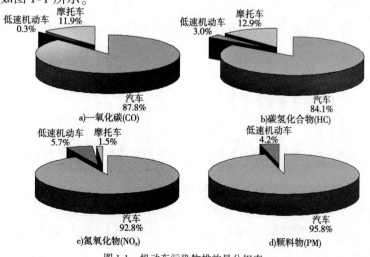

图 1-1 机动车污染物排放量分担率

1. 一氧化碳(CO)排放量

2017 年,全国机动车一氧化碳(CO)排放量为 3327.3 万 t。其中,汽车排放量为 2920.3 万 t,占 87.8%;低速机动车排放量为 11.5 万 t,占 0.3%;摩托车排放量为 395.5 万 t,占 11.9%。

2017 年,全国机动车污染物排放量中,一氧化碳(CO)排放量位于前五位的省份依次为山东、广东、河北、江苏、河南。2017 年全国各省份机动车一氧化碳(CO)排放量如图 1-2 所示。

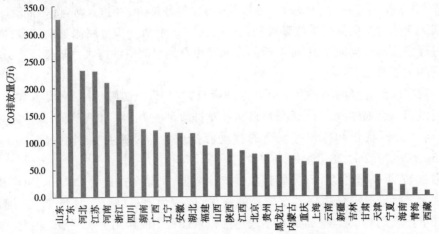

图 1-2 　2017 年全国各省份机动车一氧化碳(CO)排放量

2. 碳氢化合物(HC)排放量

2017 年,全国机动车碳氢化合物(HC)排放量为 407.1 万 t。其中,汽车排放量为 342.2 万 t,占 84.1%;低速机动车排放量为 12.3 万 t,占 3.0%;摩托车排放量为 52.6 万 t,占 12.9%。

2017 年,全国机动车污染物排放量中,碳氢化合物(HC)排放量位于前五位的省份依次为山东、广东、河北、江苏、河南。2017 年全国各省份机动车碳氢化合物(HC)排放量如图 1-3 所示。

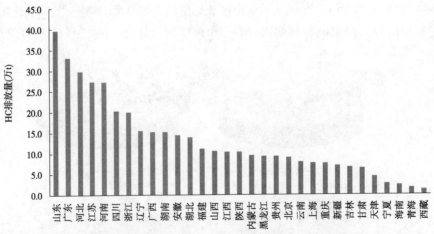

图 1-3 　2017 年全国各省份机动车碳氢化合物(HC)排放量

3. 氮氧化物(NO_x)排放量

2017 年,全国机动车氮氧化物(NO_x)排放量为 574.3 万 t。其中,汽车排放量为 532.8 万 t,占 92.8%;低速机动车排放量为 32.9 万 t,占 5.7%;摩托车排放量为 8.6 万 t,占 1.5%。

2017 年,全国机动车污染物排放量中,氮氧化物(NO$_x$)排放量位于前五位的省份依次为山东、河北、河南、广东、江苏。2017 年全国各省份机动车氮氧化物(NO$_x$)污染物排放量如图 1-4 所示。

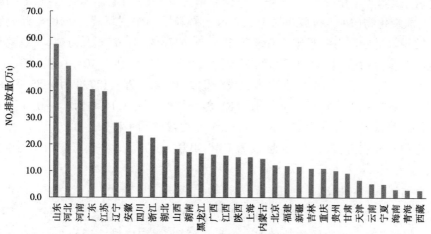

图 1-4　2017 年全国各省份机动车氮氧化物(NO$_x$)排放量

4. 颗粒物(PM)排放量

2017 年,全国机动车颗粒物(PM)排放量为 50.9 万 t。其中,汽车排放量为 48.8 万 t,占 95.8%;低速机动车排放量为 2.1 万 t,占 4.2%。

2017 年,全国机动车污染物排放量中,颗粒物(PM)排放量位于前五位的省份依次为山东、河北、河南、广东、江苏。2017 年全国各省份机动车颗粒物(PM)排放量如图 1-5 所示。

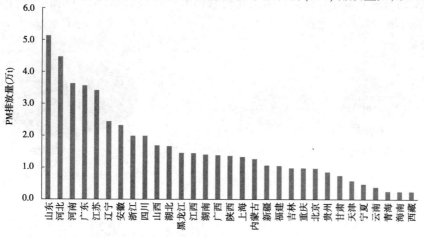

图 1-5　2017 年全国各省份机动车颗粒物(PM)排放量

1.1.5　汽车污染物排放量现状

2017 年,全国汽车一氧化碳(CO)排放量为 2920.3 万 t,碳氢化合物(HC)排放量为 342.2 万 t,氮氧化物(NO$_x$)排放量为 532.8 万 t,颗粒物(PM)排放量为 48.8 万 t。其中,柴油车氮氧化物(NO$_x$)排放量接近汽车排放总量 70%,颗粒物(PM)排放量超过 90%;而汽油车一氧化碳(CO)排放量超过汽车排放总量的 80%,碳氢化合物(HC)排放量超过 70%。

按车型划分的汽车污染物排放量情况如下。

1. 客车污染物排放情况

2017 年,全国客车排放一氧化碳(CO)排放量为 1985.7 万 t,碳氢化合物(HC)排放量为 211.5 万 t,氮氧化物(NO_x)排放量为 168.9 万 t,颗粒物(PM)排放量为 10.8 万 t,客车这四项污染物的排放量分别占汽车排放总量的 68.0%、61.8%、31.7%、22.1%。

通过进一步分析表明,微型客车的四项污染物排放量分别为 105.1 万 t、11.3 万 t、4.3 万 t、0.0 万 t;小型客车的四项污染物排放量分别为 1574.0 万 t、157.4 万 t、55.9 万 t 和 2.7 万 t;中型客车的四项污染物排放量分别为 81.8 万 t、11.0 万 t、16.0 万 t 和 0.6 万 t;大型客车的四项污染物排放量分别为 224.8 万 t、31.8 万 t、92.7 万 t 和 7.5 万 t。其中,出租车的四项污染物排放量分别为 330.0 万 t、36.9 万 t、15.4 万 t、0.7 万 t;公交车的四项污染物排放量分别为 46.7 万 t、6.8 万 t、22.4 万 t、1.2 万 t。

2. 货车污染物排放情况

2017 年,全国货车一氧化碳(CO)排放量为 934.5 万 t,碳氢化合物(HC)排放量为 130.7 万 t,氮氧化物(NO_x)排放量为 363.9 万 t,颗粒物(PM)排放量为 38.0 万 t,货车的这四项污染物的排放量分别占汽车排放总量的 32.0%、38.2%、68.3%、77.9%。

通过进一步分析表明,微型货车的四项污染物排放量分别为 17.5 万 t、1.7 万 t、1.1 万 t 和 0.1 万 t;轻型货车的四项污染物排放量分别为 254.1 万 t、28.7 万 t、25.6 万 t 和 5.0 万 t;中型货车的四项污染物排放量分别为 137.3 万 t、22.6 万 t、52.7 万 t 和 3.7 万 t;重型货车的四项污染物排放量分别为 525.6 万 t、77.7 万 t、284.5 万 t 和 29.2 万 t。

按车型划分的一氧化碳(CO)、碳氢化合物(HC)、氮氧化物(NO_x)、颗粒物(PM)排放量分担率如图 1-6 ~ 图 1-9 所示。

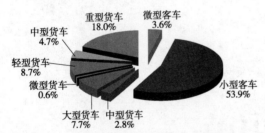

图 1-6 2017 年全国各类型汽车的一氧化碳(CO)排放量分担率

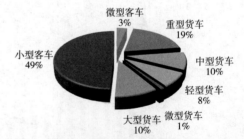

图 1-7 2017 年全国各类型汽车的碳氢化合物(HC)排放量分担率

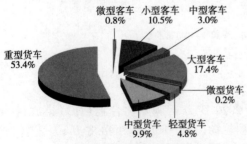

图 1-8 2017 年全国各类型汽车的氮氧化物(NO_x)排放量分担率

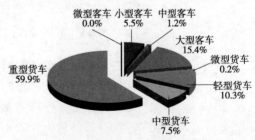

图 1-9 2017 年全国各类型汽车的颗粒物(PM)排放量分担率

1.1.6　按燃料类型划分的汽车污染物排放量

1. 汽油车污染物排放情况

2017 年,全国汽油车一氧化碳(CO)排放量为 2482.3 万 t,碳氢化合物(HC)排放量为 251.5 万 t,氮氧化物(NO_x)排放量为 142.8 万 t,汽油车这三项污染物的排放量分别占汽车排放总量的 85.0%、73.5%、26.8%。

2. 柴油车污染物排放情况

2017 年,全国柴油车一氧化碳(CO)排放量为 347.5 万 t,碳氢化合物(HC)排放量为 78.4 万 t,氮氧化物(NO_x)排放量为 363.9 万 t,颗粒物(PM)排放量为 48.8 万 t,柴油车这四项污染物的排放量分别占汽车排放总量的 11.9%、22.9%、68.3%、99% 以上。

3. 燃气车污染物排放情况

2017 年,全国燃气车一氧化碳(CO)排放量为 90.5 万 t,碳氢化合物(HC)排放量为 12.3 万 t,氮氧化物(NO_x)排放量为 26.1 万 t,燃气车这三项污染物的排放量分别占汽车排放总量的 3.1%、3.6%、4.9%。

不同燃料类型的汽车的污染物排放量分担率如图 1-10 所示。

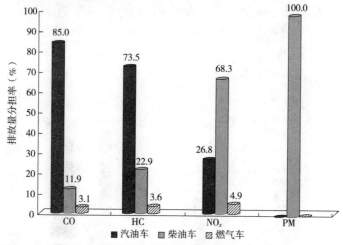

图 1-10　不同燃料类型的汽车的污染物排放量分担率

1.1.7　按排放标准阶段划分的汽车污染物排放量

1. 国 I 前标准汽车污染物排放情况

2017 年,全国国 I 前标准汽车一氧化碳(CO)排放量为 56.6 万 t,碳氢化合物(HC)排放量为 6.0 万 t,氮氧化物(NO_x)排放量为 3.8 万 t,颗粒物(PM)排放量为 0.3 万 t,这四项污染物的排放量分别占汽车排放总量的 1.9%、1.8%、0.7%、0.6%。

2. 国 I 标准汽车污染物排放情况

2017 年,全国国 I 标准汽车一氧化碳(CO)排放量为 386.1 万 t,碳氢化合物(HC)排放量为 38.1 万 t,氮氧化物(NO$_x$)排放量为 31.2 万 t,颗粒物(PM)排放量为 3.3 万 t,这四项污染物的排放量分别占汽车排放总量的 13.2%、11.1%、5.9%、6.8%。

3. 国Ⅱ标准汽车污染物排放情况

2017 年,全国国Ⅱ标准汽车一氧化碳(CO)排放量为 280.5 万 t,碳氢化合物(HC)排放量为 33.2 万 t,氮氧化物(NO$_x$)排放量为 21.9 万 t,颗粒物(PM)排放量为 4.4 万 t,这四项污染物的排放量分别占汽车排放总量的 9.6%、9.7%、4.1%、9.0%。

4. 国Ⅲ标准汽车污染物排放情况

2017 年,全国国Ⅲ标准汽车一氧化碳(CO)排放量为 757.8 万 t,碳氢化合物(HC)排放量为 104.1 万 t,氮氧化物(NO$_x$)排放量为 289.6 万 t,颗粒物(PM)排放量为 31.5 万 t,这四项污染物的排放量分别占汽车排放总量的 26.0%、30.4%、54.4%、64.5%。

5. 国Ⅳ标准汽车污染物排放情况

2017 年,全国国Ⅳ标准汽车一氧化碳(CO)排放量为 991.4 万 t,碳氢化合物(HC)排放量为 112.6 万 t,氮氧化物(NO$_x$)排放量为 147.2 万 t,颗粒物(PM)排放量为 7.9 万 t,这四项污染物的排放量分别占汽车排放总量的 34.0%、32.9%、27.6%、16.2%。

6. 国Ⅴ及以上标准汽车污染物排放情况

2017 年,全国国Ⅴ及以上标准汽车一氧化碳(CO)排放量为 447.9 万 t,碳氢化合物(HC)排放量为 48.2 万 t,氮氧化物(NO$_x$)排放量为 39.1 万 t,颗粒物(PM)排放量为 1.4 万 t,这四项污染物的排放量分别占汽车排放总量的 15.3%、14.1%、7.3%、2.9%。

按不同排放标准阶段汽车污染物排放量分担率如图 1-11 所示。

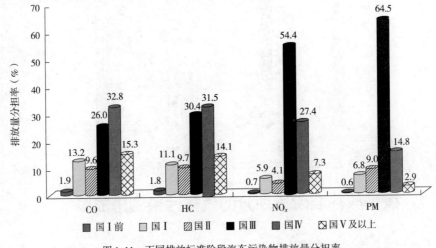

图 1-11 不同排放标准阶段汽车污染物排放量分担率

1.1.8 柴油车污染物排放量现状

2017 年,柴油车一氧化碳(CO)排放量为 347.5 万 t,碳氢化合物(HC)排放量为 78.4 万 t,氮氧化物(NO$_x$)排放量为 363.9 万 t,颗粒物(PM)排放量为 48.8 万 t,这四项污染物的排放量分别占汽车排放总量的 11.9%、22.9%、68.3%、99% 以上。

进一步分析表明,小型柴油客车的一氧化碳(CO)、碳氢化合物(HC)、氮氧化物(NO$_x$)、颗粒物(PM)四项污染物的排放量分别为 1.8 万 t、0.5 万 t、1.8 万 t、0.7 万 t;中型柴油客车的四项污染物的排放量分别为 6.3 万 t、2.1 万 t、10.4 万 t、2.6 万 t;大型柴油客车的四项污染物的排放量分别为 50.7 万 t、11.8 万 t、46.3 万 t、7.5 万 t;微型柴油货车的四项污染物的排放量分别为 1.0 万 t、0.2 万 t、0.2 万 t、0.1 万 t;轻型柴油货车的四项污染物排放量分别为 47.8 万 t、8.6 万 t、18.7 万 t、5.0 万 t;中型柴油货车的四项污染物排放量分别为 26.9 万 t、9.1 万 t、41.8 万 t、3.7 万 t;重型柴油货车的四项污染物排放量分别为 213.0 万 t、46.1 万 t、244.6 万 t、29.2 万 t。

按排放标准阶段分类,国Ⅱ及之前排放标准柴油车的一氧化碳(CO)、碳氢化合物(HC)、氮氧化物(NO$_x$)、颗粒物(PM)排放量分别为 33.2 万 t、7.4 万 t、17.6 万 t、5.7 万 t;国Ⅲ排放标准柴油车的一氧化碳(CO)、碳氢化合物(HC)、氮氧化物(NO$_x$)、颗粒物(PM)排放量分别为 221.0 万 t、57.1 万 t、230.1 万 t、33.5 万 t;国Ⅳ排放标准柴油车的一氧化碳(CO)、碳氢化合物(HC)、氮氧化物(NO$_x$)、颗粒物(PM)排放量分别为 74.3 万 t、11.5 万 t、96.9 万 t、8.4 万 t;国Ⅴ及以上标准柴油车的一氧化碳(CO)、碳氢化合物(HC)、氮氧化物(NO$_x$)、颗粒物(PM)排放量分别为 19.0 万 t、2.4 万 t、19.3 万 t、1.2 万 t。

按各排放标准阶段柴油车污染物排放量分担率如图 1-12 所示。

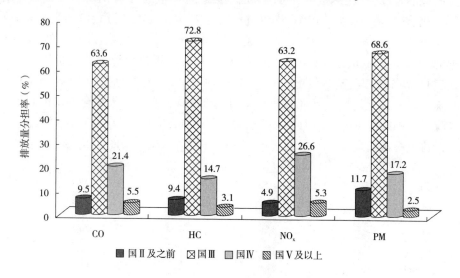

图 1-12　各排放标准阶段柴油车污染物排放量分担率

1.1.9　柴油货车污染物排放量现状

2017 年,柴油货车一氧化碳(CO)排放量为 288.7 万 t,碳氢化合物(HC)排放量为 64.0 万 t,氮氧化物(NO$_x$)排放量为 305.4 万 t,颗粒物(PM)排放量为 38.0 万 t,这四项污染物的排放量分别占汽车排放总量的 9.9%、18.7%、57.3%、77.8%。

进一步分析表明,微型柴油货车的一氧化碳(CO)、碳氢化合物(HC)、氮氧化物(NO$_x$)、颗粒物(PM)排放量分别为 1.0 万 t、0.2 万 t、0.2 万 t、0.1 万 t;轻型柴油货车的四项污染物排放量分别为 47.8 万 t、8.6 万 t、18.7 万 t、5.0 万 t;中型柴油货车的四项污染物排放量分别为 26.9 万 t、9.1 万 t、41.8 万 t、3.7 万 t;重型柴油货车的四项污染物排放量分别为 213.0 万 t、46.1 万 t、244.6 万 t、29.2 万 t。

各类型柴油货车污染物排放量分担率如图 1-13 所示。

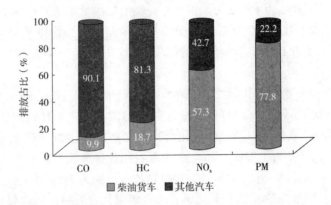

图 1-13　各类型柴油货车污染物排放量分担率

按排放标准阶段分类,国Ⅱ及之前排放标准柴油货车的一氧化碳(CO)、碳氢化合物(HC)、氮氧化物(NO$_x$)、颗粒物(PM)排放量分别为 25.4 万 t、5.7 万 t、13.6 万 t、4.1 万 t;国Ⅲ排放标准柴油货车的一氧化碳(CO)、碳氢化合物(HC)、氮氧化物(NO$_x$)、颗粒物(PM)排放量分别为 183.5 万 t、46.6 万 t、192.5 万 t、26.2 万 t;国Ⅳ排放标准柴油货车的一氧化碳(CO)、碳氢化合物(HC)、氮氧化物(NO$_x$)、颗粒物(PM)排放量分别为 62.8 万 t、9.7 万 t、82.0 万 t、6.7 万 t;国Ⅴ及以上标准柴油货车的一氧化碳(CO)、碳氢化合物(HC)、氮氧化物(NO$_x$)、颗粒物(PM)排放量分别为 17.0 万 t、2.1 万 t、17.3 万 t、1.0 万 t。

按不同排放标准阶段划分的柴油货车污染物排放量分担率如图 1-14 所示。

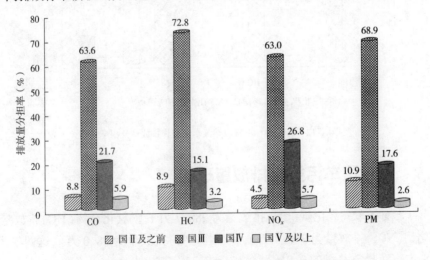

图 1-14　不同排放标准阶段柴油货车污染物排放量分担率

1.2 发动机排气污染物对人体的危害

实际上,燃料在内燃机中不可能完全燃烧。内燃机一般转速很高,燃料燃烧过程占有的时间极短,燃料与助燃的空气不可能混合得均匀,燃料的氧化反应不可能完全。排气中会出现不完全燃烧产物,如一氧化碳(CO)和未完全燃烧甚至完全未燃烧的碳氢化合物(HC)。对于点燃式内燃机来说,为了提高全负荷转矩,不得不用过量空气系数小于1的浓混合气,导致 CO 排放剧增。内燃机冷起动时燃料蒸发不好,很大一部分燃料未经燃烧就排出,导致 HC 排放剧增。内燃机最高燃烧温度往往达 2000℃ 以上,使空气中的氮在高温下氧化生成各种氮的氧化物。内燃机排放的氮氧化物绝大部分是一氧化氮(NO),少量是二氧化氮(NO_2),一般用 NO_x 表示。压燃式柴油机中,可燃混合气是在燃烧前和燃烧中的极短时间内形成的,混合不均比汽油机更严重。缺氧的燃料在高温高压环境下会发生裂解、脱氢,最后生成炭烟粒子。这些炭烟粒子在降温过程中会吸附各种未燃烧或不完全燃烧的重质 HC 和其他凝聚相物质,形成柴油机的重要污染物排气微粒(PM)。

对大气环境和人类健康影响较为严重的内燃机排放物是一氧化碳(CO)、碳氢化合物(HC)、氮氧化合物(NO_x)和颗粒物(PM)等,这四项污染物对人体的危害简述如下。

1.2.1 一氧化碳(CO)的危害

当汽车发动机负荷过大、低速行驶时或空挡运转时,燃料不能充分燃烧,废气中一氧化碳(CO)含量会显著增加。

一氧化碳是一种化学反应能力低的无色无味的窒息性有毒气体,对空气的相对密度为 0.9670,它的溶解度很小。

一氧化碳与人体血红蛋白的结合力远远强于氧与血红蛋白的结合力。所以,一氧化碳削弱了血红蛋白向人体组织输送氧的能力,影响人的神经中枢系统,严重时造成中毒死亡。

从健康的角度讲,大剂量的一氧化碳可致人死亡,虽然健康人群可以忍受目前城市中一氧化碳的浓度,但对肺病患者或心脏病患者就比较糟糕,由于一氧化碳被人体吸收后与血红蛋白结合成稳定的碳氧血红蛋白,使血红蛋白失去携氧能力而造成低氧血症,严重时可致人死亡,吸烟者特别容易受到伤害,这是因为由于吸烟他们的血液已经受到了严重的污染。由于一氧化碳产生已经成了都市问题,城市中目标区域中的控制目标是必须将一氧化碳控制在一个较低的水平。不同浓度的一氧化碳对人体健康的危害见表1-1。

不同浓度的 CO 对人体健康的影响   表1-1

CO 浓度(10^{-6})	对人体健康的影响	CO 浓度(10^{-6})	对人体健康的影响
5 ~ 10	对呼吸道患者有影响	250	2h 接触,人会出现头痛
30	滞留 8h,人的视力和神经系统出现障碍	500	2h 接触,人会出现剧烈心痛、眼花、虚脱
40	滞留 8h,人会出现气喘	3000	30min,人会死亡
120	1h 接触,人会中毒		

1.2.2 碳氢化合物(HC)的危害

发动机排出的各种碳氢化合物总称为烃类,它主要是由于发动机中石油燃料不完全燃烧和燃料在燃烧室中高温裂解所产生的。发动机排气中所含的烃类成分达 200 余种,但其总浓度比一氧化碳低。大部分烃类对人体健康的影响并不明显,但通过对汽车尾气成分的分析得知,排气中的碳氢化合物中含有少量的醛类(如甲醛、丙烯醛)和多环芳香烃(如苯并芘)。其中,甲醛与丙烯醛对人的鼻、眼和呼吸道黏膜有刺激作用,可引起结膜炎、鼻炎、支气管炎等疾病症状,它们还具有难闻的臭味,而苯并芘被认为是一种强致癌物质。此外,烃类还是光化学烟雾形成的重要物质,由此造成的间接危害比直接危害更加严重,因此碳氢化合物排放的危害不容忽视。

1.2.3 氮氧化物(NO_x)的危害

一氧化氮是汽油机和柴油机排气中的氮氧化物的主要成分,虽然其本身的毒性不大,但是如果在特定环境中和碳氢发生反应则会产生毒性较大的臭氧和二氧化氮,在 0.5×10^{-6} 的环境中生存 2h,健康人群没有什么不良反应,但哮喘病患者会产生轻微的症状。

二氧化氮是褐色气体,是构成汽车排气中恶臭物质成分之一,其嗅觉阈值为 0.12×10^{-6},浓度达到 5×10^{-6} 时,臭味极其强烈。其使人中毒结果就是使病人在肺水肿期间引发独特的闭塞纤维性支气管炎,人若在二氧化氮浓度为 16.9×10^{-6} 的大气中停留 10min,就可以观察到呼吸道气流阻力值上升;在二氧化氮浓度超过 100×10^{-6} 的大气中生活 $0.5 \sim 1h$,就会因肺水肿而死亡。二氧化氮不但对肺组织产生强烈影响,还会影响到心脏、肝脏、肾脏、造血组织等。此外,经过进一步分析显示,二氧化氮与支气管哮喘的发病有着密切关系,但是氮氧化物比较容易扩散,遇雨容易溶解,其累计浓度不会过高,单独成分对大气的危害不及一氧化碳严重;然而在氮氧化物与一氧化碳、二氧化硫共存的场合,其危害就会加倍。不同浓度的 NO_2 对人体健康的影响见表 1-2。

不同浓度的 NO_2 对人体健康的影响　　　　　　　　　　表 1-2

NO_2 浓度(10^{-6})	对人体健康的影响
1	闻到臭味
5	闻到强臭味
10 ~ 15	10min 眼、鼻、呼吸道受到刺激
50	1min 内人呼吸困难
80	3min 人会感到胸痛、恶心
100 ~ 150	在 30 ~ 60min 内人会因肺水肿而死亡
250	人会很快死亡

1.2.4 颗粒物(PM)的危害

1. 炭烟

炭烟是柴油机燃料不完全燃烧的产物,如果浓度过高,就是黑烟,是柴油机排放的主要污染物。自20世纪70年代以来就有烟度限制法规,当时是因为它使能见度大大降低并具有令人讨厌的气味,所以为公众所排斥。

近些年随着排放法规升级,柴油机已要求安装颗粒物净化器(一般叫作颗粒物捕集器,Diesel Particle Filter,简称DPF)是用来过滤排气中的炭烟颗粒,改善车辆尾气排放的。

一般汽油机不用装颗粒物净化器。但由于直喷汽油机也存在颗粒物排放问题,如果要满足国Ⅵ、欧Ⅵ等排放法规,汽油机也就开始使用颗粒物净化器。用于汽油机的颗粒物净化器为GPF。

炭烟微粒物中会吸附PAH等多种有害物质,其中有一些是有致癌作用的,例如,苯并芘会对生态环境造成影响,在一定程度上威胁着人体的健康。另外,颗粒物的大小对人体的危害程度也有一定的影响。一些颗粒较小(小于$0.5\mu m$)的微粒容易长时间悬浮在空气当中,致使人体吸入的概率大大提高,对人体的呼吸系统有着极大的危害。此外,微粒间的孔隙具有一定的吸附作用,能够吸附一些SO_2、NO_2等致癌物质,因而对人体造成更大的危害。

2. 铅化物

汽油机的排气微粒,主要是燃用有铅汽油燃烧后生成的直径小于$0.2\mu m$的铅化合物微粒。铅化物微粒除少数能随气流排放到大气中外,多数附着于排气通道和消声器内逐渐形成较大的粒子,然后散落在地面。铅对人体的健康是十分有害的,它通过肺、消化器官、皮肤等逐渐积蓄在人体内,妨碍红细胞的生长和成熟,当血液中含铅量超过$60\mu g/100mL$的正常值时,就会引起贫血、牙齿变黑、肝功能障碍和神经麻痹等慢性中毒症状;当血液中含铅量超过$0.08mg/100mL$时,随着血液中血球状态的变化,出现四肢麻痹,严重腹痛、脸色苍白甚至死亡等典型铅中毒现象。1981年以前,虽然添加剂用得不多,每升汽油里也有$0.8g$添加剂,在1981年EEC规定每升汽油添加剂的限值是$0.4g$,在1985年又降低到了$0.15g$。1997年7月,北京市政府在全国率先强制使用无铅汽油,这一措施很快普及国内其他大中城市,使用无铅汽油是限制汽车铅排放的有效措施。

1.3 光化学烟雾和温室效应

目前,随着世界经济的快速发展和城市化进程的推进,世界汽车工业得到了快速发展,汽车产销量和保有量呈现高速增长的趋势。汽车工业推动了社会的快速发展,为世界经济发展作出了重要贡献,但汽车工业快速发展的同时也带来了一系列的负面环境效应。以我国为例,截至2017年底,全国机动车保有量达3.10亿辆,其中汽车2.17亿辆,我国已连续八年成为世界机动车产销第一大国。机动车尾气污染已成为我国空气污染的主要来源,是造成细颗粒物、光化学烟雾污染的重要原因,污染防治的紧迫性凸显。2017年,全国机动车污染物排放量初步核算为4359.7万t。其中,一氧化碳排放量为3327.3万t,碳氢化合物排放量为407.1万t,氮氧化物排放量为574.3万t,颗粒物排放量为50.9万t。按车型分类,货车排放的氮氧化物和颗粒物明显高于客车,其中重型货车是主要来源;而客车一氧化碳和碳氢化合物排放量则明显高于货车。按燃料分类,柴油车排放的氮氧化物接近汽车排放总量70%,颗粒物超90%;而汽油车一氧化碳和碳氢化合物排放量则较高,一氧化碳超过汽车排放总量80%,碳氢化合物超过70%。

1.3.1　光化学反应和光化学烟雾

光化学烟雾是由汽车排气中的 NO_x 和未燃烃 HC 在阳光作用下进行而生成的一种大气污染物,光化学烟雾具有强氧化力,它能使受力橡胶开裂、植物受损、空气的能见度降低,同时还会刺激人的眼睛和喉咙。光化学烟雾的浓度对人体的影响见表 1-3。

光化学烟雾对人体的影响　　　　　　　　　　　　　表 1-3

O_3 的浓度/10^{-6}	影　　响
0.02	5min 内多数人能察觉,1h 内胶片脆化
0.20	人的肺机能减弱,肺部有紧缩感,眼睛红肿
0.2 ~ 0.5	3 ~ 6h 人的视力减弱
0.5 ~ 1.0	1h,人会呼吸紧张,气喘病恶化
1 ~ 2	2h,人会头痛,慢性中毒
5 ~ 10	人会全身疼痛,麻醉,肺气肿
>20	人在 1h 内死亡

汽车发动机排放物中作为起因的 NO_x 和 HC 在太阳光能的作用下进行化学反应,光化学反应的主要产物是臭氧(O_3)、过氧化物硝酸盐(PAN)、醛类以及有机氧化物。一般这种二次有害污染物常发生在夏秋两季之间,在污染物多、大气不流畅的大城市或盆地地区,而且在午后 2 ~ 3 点时,光化学烟雾浓度最高。光化学烟雾的生成机理及危害如图 1-15 所示。

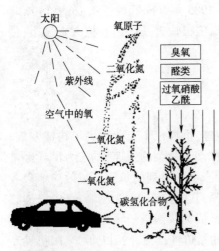

图 1-15　光化学烟雾的生成机理及危害

生成光化学烟雾的基本原理已经由哈根—斯密特(Hagen-Smit)通过实验加以证实,他提出的反应方程为

$$NO + hv \longrightarrow NO + O \qquad (1-1)$$
$$O + O_2 + M \longrightarrow O_3 + M \quad (O_3 浓度增加) \qquad (1-2)$$
$$O_3 + NO \longrightarrow NO + O_2 \quad (O_3 浓度减少) \qquad (1-3)$$

式中：hv——太阳光能;

M——不变物质,主要起催化作用。

在没有 HC 的条件下,上述三个反应趋于平衡状态,O_3 浓度低,但在存在 HC 时,它和 O、O_2、O_3 产生中间产物过氧烷基 RO_2,RO_2 和上述最后的方程式的 NO 以极快的反应速度进行反应。

$$RO_2 + NO \longrightarrow RO + NO_2 \qquad (1-4)$$

由于抑制了消除 O_3 的反应,来不及消耗 O_3,因而使反应系统中的 O_3 浓度增加。

此外,反应生成酰基根 RCO,从而产生过氧酰基硝酸盐(RCO_3NO_2)：

$$RCO + NO_2 + O_2 \longrightarrow RCO_3NO_2 \qquad (1-5)$$

需要特别指出的是,光化学烟雾的出现需要一定的条件:只有在汽车排放的 NO_x 和 HC 等污染物较多(包括工厂排入大气中的废气),而又处在大气流通不通畅的特殊地理环境,并具有强烈的阳光照射(如夏季的中午),才有可能产生光化学烟雾。由于氮氧化物 NO_x 在大气中不会累积,同时,如果不具备大气不通畅的地理环境,那么发生光化学烟雾的可能性就小。

NO 和产生于未燃燃料的 HC 的危害虽然较低,但是它们却是产生二次污染的主要成分,二次污染的主要成分是臭氧和二氧化氮。在都市里发生二次污染的可能性较大,光化学烟雾可能形成一条隧道,既不扩散也不稀释的传出几千米,它对植物的危害特别大,如果传播到较低的区域对健康也特别有害。

1.3.2 温室效应

二氧化碳本身是一种无色气体,从毒理学的角度来看,CO_2 本身并无毒性,它的危害在于作为温室气体造成地球表面温度升高。在全球 CO_2 的排放中,至少有 14% 来自以内燃机为动力的交通工具。

水蒸气和二氧化碳能吸收红外辐射,它们在大气层里因能捕获地球表面辐射出去的部分热量并使之逆辐射到地面,使地球表面的夜间温度不会过低,这种类似温室的保温作用,称为"温室效应",如图 1-16 所示。它对于维持地球目前的能量平衡是必要的,如果大气中的水分和二氧化碳含量增加,随着吸收的热量增加,地面辐射散失的热量减少,从而导致温度上升,增强了温室效应。

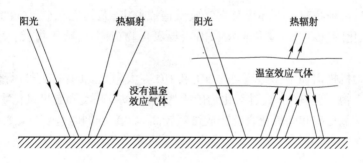

图 1-16 温室效应示意图

地球接受太阳能量,又向周围空间辐射能量,两者长期维持平衡,所以地球的年平均温度几千年来没有什么变化。如果年平均温度因地球能量平衡发生变化而下降几度,并保持几年,就可能带来一个冰河期;反之,如果年平均温度上升几度,就可能发生冰峰消融,海平面上涨,导致淹没城市和陆地的可怕后果。

自工业革命以来,人类大规模燃烧石化燃料,大气层内二氧化碳的浓度从 1885 年的 290×10^{-6} 已增加到 330×10^{-6},目前随着能源的大量消耗,二氧化碳每年以 0.77×10^{-6} 的速率增加,预计到 2050 年将达到工业革命前的两倍,那时地球表面平均温度将上升 $1.5 \sim 5.5 \, ℃$,届时将对全球气候变化产生巨大影响。因此,为了地球的明天,二氧化碳的浓度控制已被列入控制范围。

本章小结

　　汽车对环境的影响主要体现在排气污染和噪声污染两个方面。本章主要介绍了汽车排气污染物种类以及汽车排气污染物对大气环境和人体健康的危害;介绍了光化学烟雾和温室效应的形成机理、不良影响及危害;介绍了中国机动车污染物的排放量等内容。

自测题

一、单选题

1.汽油机主要排气污染物是(　　　)。
　　A. HC、CO、N_2、NO_x　　　　　　　　B. CO、HC、NO_x
　　C. CO_2、HC、CO　　　　　　　　　　D. NO_x、CO、PM、O_2

2.柴油机主要排气污染物是(　　　)。
　　A. CO、HC、NO_x、PM　　　　　　　　B. HC、CO、N_2、NO_x
　　C. CO_2、HC、CO、NO_x　　　　　　　D. NO_x、CO、PM、O_2

3.属于汽车排气污染物的二次污染物的是(　　　)。
　　A. 一氧化碳　　　　　　　　　　　　B. 一氧化氮
　　C. 碳化氢　　　　　　　　　　　　　D. 光化学烟雾

二、判断题

1.汽车排放污染物对大气环境及空气质量造成危害,尤其是汽车尾气的有害成分非常多,主要有一氧化碳(CO)、碳氢化合物(HC)、氮氧化物(NO_x)、硫化物、铅、醛类、苯以及悬浮颗粒物等。　　　　　　　　　　　　　　　　　　　　　　　　　　　　　　(　　　)

2.汽车发动机排出物中作为起因的NO_x和HC在太阳光能的作用下进行化学反应,光化学反应的主要产物是臭氧(O_3)、过氧化物硝酸盐PAN以及醛类和有机氧化物。　　(　　　)

3.汽油车一氧化碳和碳氢化合物排放量则较高,一氧化碳超过汽车排放总量80%,碳氢化合物超过70%。　　　　　　　　　　　　　　　　　　　　　　　　　　　　　(　　　)

三、简答题

1.简述发动机排气污染物 CO、NO_x、HC、微粒对人类及其生存环境的影响。

2.什么是光化学烟雾?简述光化学烟雾生成条件及光化学烟雾对人类及其生存环境的影响。

3.什么是温室效应?温室效应对大气环境有什么影响?

第2章 汽油机有害排放物及其控制

导言

本章主要介绍汽油机有害排放物包括 HC、CO 和 NO_x 的生成机理和主要影响因素。并针对汽油机有害排放物的生成特点,阐述了汽油机机内净化技术,包括电控燃油喷射、电控点火及燃烧室改进等技术措施。另外,本章介绍了废气再循环 EGR 系统、曲轴箱排放控制系统及燃油蒸发控制系统的工作原理、功用及控制方法。通过学习本章内容,力求使学生掌握汽油机有害排放物生成机理及机内净化技术等相关基础知识,为学生继续学习相关章节打下坚实的基础。

学习目标

1. 认知目标

(1)了解汽油机有害排放成分的来源及控制方法。

(2)掌握汽油机有害排放的生成机理。

(3)掌握空燃比对有害成分的影响规律。

(4)掌握闭式曲轴箱通风系统的工作原理。

(5)掌握燃油蒸发和加油排放的控制原理。

(6)掌握汽油机电控燃油喷射系统的工作原理。

(7)掌握汽油机电控点火系统的工作原理。

(8)掌握废气再循环(EGR)系统的工作原理。

2. 技能目标

(1)能够利用汽油机有害排放的生成机理去分析各因素(如空燃比、负荷、转速、点火定时、EGR 等)对 HC、CO、NO_x 生成量的影响。

(2)能够正确识读闭式曲轴箱通风系统工作原理图,并能指出各部件的工作原理和功用。

(3)能够正确识读燃油蒸发和加油排放控制系统原理图,并了解其工作原理及各部件的功用。

(4)能够正确识读汽油机电控燃油喷射系统组成原理图,并了解其工作原理及各部件的功用。

(5)能够正确识读汽油机电控点火系统组成原理图,并了解其工作原理及各部件的功用。

（6）能够正确识读废气再循环（EGR）系统组成原理图，并了解其工作原理及各部件的功用。

2.1 汽油机有害排气成分

2.1.1 汽油机有害成分的来源

汽油机主要污染物包括碳氢化合物（HC）、一氧化碳（CO）和氮氧化物（NO$_x$），以及微量的醛、酚、过氧化物有机酸、铅、磷等污染。如图 2-1 所示，汽油机产生的主要污染物包括尾气排放物、曲轴箱排放物和蒸发排放物等。

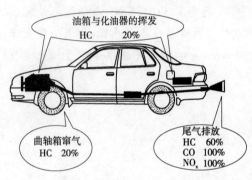

油箱与化油器的挥发
HC　　20%

曲轴箱窜气
HC　20%

尾气排放
HC　60%
CO　100%
NO$_x$　100%

图 2-1　汽油机排放的主要来源

1. 汽车排气污染

排气污染占汽油机总污染量的 65% ~ 85%，其中的有害气体成分包括未燃或不完全燃烧的碳氢化合物（HC）、一氧化碳（CO）、氮氧化物（NO$_x$）、微量的醛、酚、过氧化物有机酸，以及含铅、磷汽油形成的铅、磷等污染。汽车排气污染控制是一个系统工程，可以通过使用高品质燃油，改进发动机设计及改善发动机燃烧过程减少排放，以及采用后处理技术等手段达到降低污染物排放的目的。

2. 曲轴箱排放污染物

在汽油机工作时，燃烧室的高压可燃混合气和已燃气体，或多或少会通过活塞组与汽缸之间的间隙漏入曲轴箱内，造成窜气。窜气的成分为未燃的燃油气、水蒸气和废气等，这会稀释机油，降低机油的使用性能，加速机油的氧化、变质；废气中的酸性气体混入润滑系统，会导致发动机零件加速腐蚀和磨损；窜气还会使曲轴箱的压力过高而破坏曲轴箱的密封，使机油渗漏流失；曲轴箱窜气流入大气会造成大气污染，曲轴箱排放的 HC 占 HC 总污染的 20%，主要成分是未燃烃 HC。

为防止曲轴箱排放的 HC 污染，提高经济性以及提高发动机可靠性及寿命，必须采取曲轴箱通风措施。

3. 燃油蒸发排放

车辆燃油蒸发排放主要是指从车辆油箱、燃油滤清器、化油器和油路等部件组成的供油系统散发出的燃油蒸气，不论是汽油车还是摩托车，车辆燃油蒸发排放主要有以下几个来源。

（1）运转损失

运转损失是指在车辆运行期间从燃油系统逸出的燃油蒸气。车辆运行时，发动机产生的热量会加速燃油蒸气的形成，未安装燃油蒸发控制装置的车辆，当燃油蒸气的生成量超过燃油系统的存储能力时,燃油蒸气就会从燃油系统溢出;安装燃油蒸发控制系统的车辆,如果产生的燃油蒸气超过了燃油系统本身的存储能力和燃油蒸发控制系统的存储及脱附能力时,燃油蒸气也会溢出,这两种情况所产生的燃油蒸气都属于车辆的运转损失。

(2)热浸损失

热浸损失是指车辆从发动机熄火开始,在规定时间内(约 1h)燃油系统排出的燃油蒸气,随着车辆和发动机的停止运转,车辆风扇和迎风冷却也将随之停止,但此时燃油系统仍然具有较高的温度,虽然燃油系统的温度会逐渐降低,这种较高的温度只会存在很短的时间,但是这期间燃油系统的温度显著高于车辆全天的温度,使得这段时间燃油系统的蒸发量非常突出,所以在此期间产生的燃油蒸发排放也就不容忽视了。

(3)昼间换气损失

昼间换气损失是指由于大气温度对停放汽车的加热而引起液体燃油的蒸发,蒸气膨胀产生的蒸发排放。车辆在停放时,油箱及整个燃油系统的温度都会受到大气的加热或者冷却,也会引起燃油蒸气的形成,当燃油蒸发量超过燃油系统和燃油蒸发控制系统的存储能力时,就会产生燃油蒸发排放,这种燃油蒸发排放在炎热的夏季会比较突出。

(4)注油损失

注油损失是指油箱在加油期间,从燃油箱溢出燃油蒸气、燃油的滴露和飞溅等情况产生的燃油蒸发排放,由于这种情况产生的燃油蒸发排放会与加油站的外部条件情况有关,控制起来比较困难。

燃油蒸发排放的 HC 占 HC 总污染的 5% ~ 15%。现代车用汽油机广泛采用电控燃油喷射系统替代化油器,因而由原化油器产生的汽油蒸发和泄漏污染已根除。

采用燃油蒸发控制系统可防止燃油管内的燃油蒸气泄漏到大气中污染环境,同时,收集汽油蒸气并适时送入进气管,与空气混合后进入发动机燃烧,提高燃油的经济性,并降低 HC 排放。

2.1.2　空燃比对有害成分的影响

汽油机尾气排放物受空燃比 A/F 的影响较大,汽油机尾气排放与空燃比之间的关系如图 2-2 所示。CO 是由于混合气中缺少空气,进行不完全燃烧而产生的,排气中 CO 浓度与空燃比有很大关系。当空燃比在 17 以上时,CO 浓度变化不大;当空燃比小于 17 时,CO 浓度就急剧增加。因此,只要燃烧稳定,并使空燃比保持在 17 以上,就能把 CO 控制在最小范围内。HC 的排放浓度与空燃比也关系密切。在空燃比约为 17 处时,HC 浓度有一个最低值。混合气空燃比如果大于或小于该值时,HC 的浓度均增加,大于 20∶1 以后由于燃烧情况变坏,HC 排放开始上升。氮氧化物(NO_x)的变化相对比较复杂,由于发动机排气中氮氧化物的主要成分是一氧化氮,二氧化氮的排放量非常少,法规限制的是氮氧化物的总和,一般可以认为氮氧化物主要就是一氧化氮。氮氧化物是空气中的氮气和氧气在燃烧室的高温中产生的,后面将会详细讨论这个问题,但从广义上来讲,在浓混合区域由于缺少氧,而在稀混合区由于混合气温度低,所以这两种情况下,氮氧化物的生成量都少,峰值出现在稀混合区,大约 A/F 为 16 左右。

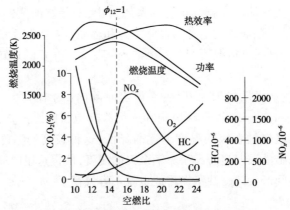

图 2-2 汽油机空燃比对有害排放生成量的影响

通常 HC 排放量随混合气变稀而减少,但是当空燃比大于 17 时,由于混合气过稀,燃烧循环变动加剧,容易出现火焰不能传播或熄火等不正常燃烧现象,结果导致 HC 排放量迅速增加。

2.1.3 一氧化碳和碳氢化合物的生成机理

1. 一氧化碳的生成机理

汽车尾气中的 CO 是燃烧的中间产物,它是在燃烧缺氧或者低温条件下,由于燃烧不完全而产生的。

一般烃类燃料的燃烧反应通常通过下列过程进行:

$$2C_mH_n + mO_2 = 2mCO + nH_2 \tag{2-1}$$

当空气中的氧足够时有:

$$2H_2 + O_2 = 2H_2O \tag{2-2}$$
$$2CO + O_2 = 2CO_2 \tag{2-3}$$

同时,一氧化碳还与生成的水蒸气发生如下反应:

$$H_2O + CO = H_2 + CO_2 \tag{2-4}$$

由此可见,如果空气量充分,理论上燃料燃烧后不会产生 CO。但当空气量不足,即混合气的空燃比小于 14.7 时,就会有部分燃料不能完全燃烧而生成 CO。

在实际的汽油机燃烧过程中,燃料燃烧后生成的废气成分与理论分析结果总存在一定的差别,即使是浓混合气的燃烧产物中也总有微量的过剩 O_2 存在,而在稀混合气的燃烧产物中有微量的 CO 和 H_2 存在,其中在浓混合气燃烧产物中存在的微量 O_2 是由于混合气的形成和分配不均匀的缘故。这时,虽然从总体来说,混合气是浓的,但是从局部考虑,又有可能存在着稀的混合气区域,这部分稀混合气燃烧后,就在燃烧产物中出现过剩 O_2。总体上稀混合气的燃烧产物中生成 CO 的原因除上述混合气形成与分配均匀性问题而出现局部浓混合气以外,还可能是由于燃烧高温引起的气体离解反应。在高温条件下,燃烧已经产生的 CO_2 和 H_2O 也有一小部分发生如下的离解反应:

$$2CO_2 = 2CO + O_2 \tag{2-5}$$
$$2H_2O = 2H_2 + O_2 \tag{2-6}$$

而且,生成的 H_2 可能使二氧化碳重新还原生成一氧化碳,即

$$CO_2 + H_2 = CO + H_2O \tag{2-7}$$

所以在发动机排气中,总会有少量的一氧化碳。由此可见,一氧化碳的排放浓度基本上取决于空燃比。图 2-3 表示 11 种不同 H/C 比的燃料在汽油机中燃烧后,排气中的 CO 体积分数随空燃比 α 或过量空气系数 ϕ_a 的变化关系。对于不同燃料,由于其 H/C 比不同而互不重合。但如果把 α 换成 ϕ_a,则针对不同燃料的关系相当精确地落在一条曲线上。可见,在浓混合气中($\phi_a < 1$),缺氧引起燃料燃烧不完全所致。粗略估计 ϕ_a 每减小0.1,CO 体积分数约增加0.03。在稀混合气中($\phi_a > 1$),CO 体积分数始终很小,只有在 $\phi_a = 1.0 \sim 1.1$ 时,CO 体积分数随 ϕ_a 有较复杂的变化。

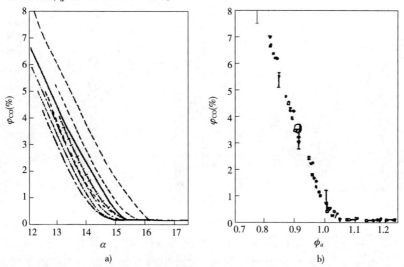

图 2-3　点燃式内燃机用 11 种不同 H/C 比燃料时的 CO 排放量与空燃比 α 及过量空气系数 ϕ_a 的关系

不带三效催化转换器的汽油机在常用工况(即部分负荷工况)下运转时,一般 $\phi_a = 1.05 \sim 1.1$,CO 排放不多。为了进一步降低 CO 的排放,要改善可燃混合气成分的均匀性,使进入汽缸的混合气可更稀一些而无损性能。在多缸发动机中,各缸间空燃比的变动是 CO 排放量增加的一个原因,即使整机平均 $\phi_a > 1$,可能仍会有个别汽缸内 $\phi_a < 1$,从而增加 CO 排放量。

汽油机怠速运转时,缸内残余废气很多,为保证燃烧稳定,需要加浓混合气,因而排放较多的 CO。这也是常规的均匀混合气汽油机总的 CO 排放量很大的一个主要原因。为了提高汽油机全负荷功率输出,一般会把全负荷运转时混合气加浓到 $\phi_a = 0.8 \sim 0.9$,导致 CO 排放量剧增。全负荷不加浓或少加浓混合气,是降低 CO 排放的实用措施之一,但要以牺牲动力性为代价。当发动机加速时,为保证加速圆滑,要在短时间内加浓混合气,导致出现 CO 排放高峰。要精确控制加速燃油量,抑制 CO 排放。

2.碳氢化合物的生成机理

汽油机排气中碳氢化合物来源主要包括缸壁冷激效应、燃料不完全燃烧、燃烧室缝隙效应、扫气和短路损失等,分述如下。

(1)缸壁冷激效应

汽油机的燃烧室表面温度比火焰低得多。壁面对火焰的迅速冷却(即冷激效应)使火焰

中产生的活性自由基复合,燃烧反应链中断,导致化学反应变缓或停止。导致火焰不能一直传播到燃烧室壁表面,从而在燃烧室表面上留下一薄层未燃或不完全燃烧的可燃混合气,称为淬熄层。发动机在正常运转时,淬熄层厚度在 0.05 ~ 0.4mm 之间变动;发动机在小负荷时或温度较低时淬熄层较厚。淬熄层中存有大量醛类,主要是甲醛和乙醛,表明那里是燃料低温反应的温床。在正常运转工况下,淬熄层中的 HC 在火焰前锋面掠过后,大部分会扩散到已燃气体主流中,在缸内基本被氧化,只有极少一部分成为未燃 HC 排放。在冷起动、暖机和怠速等工况下,因壁面温度低,形成淬熄层较厚,同时已燃气体温度较低及用较浓的混合气使 HC 的后期氧化作用减弱,因此,壁面淬熄是此类工况下 HC 排放的重要来源。缸壁冷激效应如图 2-4 所示。

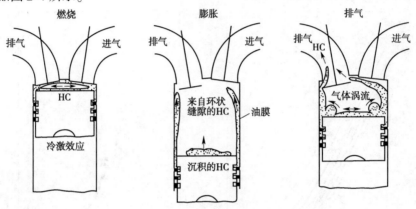

图 2-4　汽缸中 HC 的生成情况

淬熄层厚度与壁面温度、燃烧室压力和空燃比等因素有关。实验研究指出:提高缸壁温度和燃烧室内气体压力,可使淬熄层厚度减薄,这对于降低未燃烃 HC 排放是很有益的。

(2)燃烧室缝隙效应

发动机燃烧室中有各种很狭窄的缝隙,例如活塞、活塞环与汽缸壁之间的间隙,火花塞螺纹间隙,进排气门与汽缸盖气门座面相配的密封带狭缝等。当汽缸内压力升高时,可燃混合气挤入各缝隙中。因为缝隙具有很大的面容比,挤入的气体通过与温度较低的壁面的热交换很快被冷却。在燃烧过程中缸内压力继续升高,同时有未燃气进一步挤入各缝隙。当火焰前锋面扫到各缝隙所在地时,由于淬熄作用不能在缝隙中传播。当火焰在缝隙口被淬熄后,火焰面后的已燃气也会继续挤入缝隙,直到缸内压力开始下降为止。

在汽缸压力降低的膨胀、排气行程中,被挤入缝隙中的未燃混合气又返回到已燃气体当中,部分被氧化燃烧,其余大部分则以 HC 形式排出,虽然缝隙容积很小,但因为其中的气体压力高,温度低,密度大,流回汽缸时温度已经下降,后期氧化比例小,所以也能生成相当多的 HC 排放。

(3)不完全燃烧

发动机运转时,若混合气过浓或过稀,或者废气稀释严重,或者点火系统发生故障,则在某些情况下火花塞有可能不跳火,或者虽然跳火但点火失败,或者火焰在传播过程中自行熄灭,致使混合气中的部分以至全部燃料以未燃烃形式排出,加剧了 HC 排放,造成大气污染。

值得注意的是汽油机排放的未燃烃中除饱和烃、不饱和烃和芳香烃以外,还有少量氧化产物(如醛、酮、酸等)存在,这也可以通过不完全燃烧作出解释。众所周知,汽油的燃烧过程是非常复杂的,即使是理论混合气,也不可能一下就生成 CO_2 和 H_2O,若一个气态的汽油分子相当于 C_8H_{17},则该分子完全氧化需要 12.25 个 O_2 分子,反应过程中还夹着 47 个 N_2 分子来干扰,很难想象在汽缸里那么短的时间内,一个汽油分子能有机会同时碰到 12.25 个 O_2 分子而一下生成 CO_2 和 H_2O。在一般的气态反应中,两个分子互相碰撞的机会较多,三个分子同时碰在一起的机会则很少,所以一个汽油分子的完全氧化过程需经一系列的反应才最终生成 CO_2 和 H_2O;在反应的不同阶段,存在着不同的中间生成物,这些中间生成物如果不具备进一步发生氧化反应的条件,就有可能成为部分氧化产物而随排气排出,这就是排气中为何总含有少量烃类的原因所在。

(4)润滑油膜中碳氢的吸收和解析

在进气和压缩过程中,存在于汽缸壁、活塞顶及汽缸盖底面上的一层润滑油膜会吸附未燃的汽油蒸气,在燃烧前后会释放出汽油蒸气,由于释放时刻较迟,这部分汽油蒸气只有少部分被氧化,其他大部分在排气过程中形成 HC 排放。提高缸壁温度是减少 HC 排放的有效方法。国外有研究者在一台单缸发动机上进行了一系列实验,根据实验结果,缸壁附近 HC 的浓度最高并且随着离开壁面距离的增长迅速降低。根据实验结果推断:机油吸收和解析产生的碳氢比缸壁冷激效应产生的碳氢要多。虽然该实验不一定具有代表性,但是它也能表明机油吸收和解析产生的碳氢是一个不容忽视的因素。

(5)扫气损失和短路损失

扫气损失是两冲程汽油机未燃烃排放的重要来源,在两冲程发动机的扫气过程中,会有部分混合气没有经过燃烧就直接经由排气口排出。所以一般缸外形成混合气两冲程汽油机的 HC 排放量比四冲程汽油机高出好几倍。此外,扫气也可能是四冲程增压汽油机 HC 排放的一个重要来源。混合气从汽缸向外泄漏也是造成 HC 排放的原因之一,漏气主要包括进、排气门重叠期间的漏气和自气封元件向外的泄漏,前者也称为短路损失。短路损失气在各种有气门重叠角的内燃机中是不可避免的。由于自然吸气汽油机的气门重叠角一般较小,所以由此造成的影响也较小,仅在低速运转下有少量混合气在气门叠开时直接排出;但在增压汽油机中,由于气门重叠角一般较大,在气门重叠期间进气门入口处的压力又始终高于排气门出口处的压力,总会有一定数量的混合气扫过燃烧室而直接流到排气管中,造成未燃烃排放的明显升高。至于由气封元件向外的漏气,可以通过寻求气封元件最佳结构与最佳配合间隙使这种泄漏减到最低限度。一般来说,发动机在中、高速范围工作时由此造成的 HC 排放量不大,但在低速时的影响就不能忽略了,由于往复活塞式发动机自气封元件的泄漏都直接流入曲轴箱内,因而完全可以按照对付曲轴箱排放的方法对这部分污染物进行净化。

2.1.4　氮氧化物的生成机理

汽车发动机排放的 NO_x 主要包括 NO 和 NO_2,然而迄今为止内燃机中的主要氮氧化物是 NO。NO 是在燃烧室高温条件下生成的,它是空气中的氮气和氧气发生氧化反应产生的,在汽油机和柴油机中都有,反应通常叫作扩展(Zeldovich)反应,首先他注意到高温条件下氮原子和氧原子发生的化学反应,并提出下列反应方程:

$$O_2 \Leftrightarrow 2O \tag{2-8}$$

$$N_2 + O \Leftrightarrow NO + N \qquad (2-9)$$
$$N + O_2 \Leftrightarrow NO + O \qquad (2-10)$$
$$N + OH \Leftrightarrow NO + H \qquad (2-11)$$

化学反应速度是温度的指数函数,这给汽油机降低 NO_x 排放物的生成机理提出了难题。众所周知,热效率随最高燃烧温度的增加而增加的,如图 2-5 所示,图 2-5 表示出了热效率与 NO_x 浓度及最高燃烧温度之间的相互关系,这是在理想等容循环平均动能为常数情况下的理论结果。它清楚地表明必须在燃烧效率和排放之间进行折中处理,必须尽可能精确地进行实验和计算才能获得最佳匹配效果。

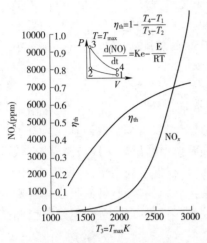

图 2-5　热效率与 NO_x 浓度、最高燃烧温度之间的相互关系

Newhall 和 Starkman 早在 1967 年就在这个领域里进行了一些传统的研究工作,他们在计算中以 Zeldovich 化学反应方程为基础,利用在实验发动机燃烧室上开的窗口,用光谱分析法测量 NO 的浓度。

实验研究结果展示了汽油机燃烧室中高压高温条件下发生的复杂反应,Zeldovich 反应方程有些过于简化,因为在燃烧室中,除空气中的氮气和氧气发生化学反应之外,还由于燃料燃烧过程中发生了无数反应,产生了很多其他的原子团。NO_x 的生成速率和温度的关系较大。在进一步的研究工作中,Lavoie,Heywood,Keck 等使用了扩展的化学反应理论取得了类似的结论。Benson 等利用这种方法在一台汽油机上建立了简化双区燃烧模型(燃烧和未燃烧的),图 2-5 表示的是研究结果,计算浓度和实验测量浓度的一致性很好,上述研究方法可以用来预报发动机燃烧过程中所产生的 NO 排放,由此可以在热效率和生成的 NO 产物之间进行优化。

2.2　汽油机废气排放物的主要影响因素

空燃比对 NO 的影响如图 2-6 所示。

2.2.1　碳氢化合物和一氧化碳的影响因素

1. 转速和负荷的影响

发动机转速增加时,HC 排放浓度明显降低。这是因为随着转速的升高,汽缸中气流运动与压缩涡流加强,同时增加了排气的扰流和混合。前者能改善汽缸内的燃烧过程,促进火焰传播,促进激冷层的后期氧化,而后者能加强排气系统的氧化反应,结果都能使排气中的 HC 排放量降低。

转速变化对 CO 的排放浓度的影响不大,这是因为在正常的排气温度下,排气系统中

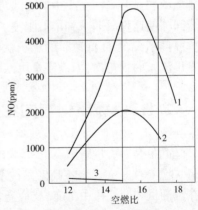

图 2-6　空燃比对 NO 排放的影响

CO 的后期氧化反应速度,在一定程度上受混合状况的限制,但主要取决于化学反应速度。

在急速工况下的情况就不一样了,适当提高急速转速,由于进气节流作用减弱,进入汽缸的新鲜气量增多,残余气体的稀释作用减弱,燃烧状况得到改善,燃烧循环变动减弱,结果使 HC 和 CO 的排放浓度同时降低。因此,目前从汽车排气净化的要求出发,汽油机的急速转速有提高的趋向。

图 2-7 表示的是一台排量为 2L 的 4 气门汽油机在不同转速和负荷时的 CO 和 HC 排放特性。在部分负荷时,为了满足三效催化转换器的要求,需要将过量空气系数控制在 1.0 附近;而在大负荷工况下,为了满足动力性的要求,混合气加浓,过量空气系数小于 1,因此,CO 排放量增加。

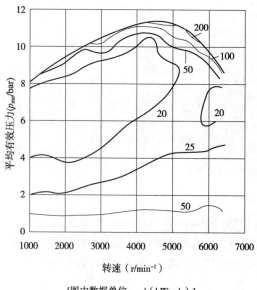

[图中数据单位:g/(kW·h)]

a)CO排放特性

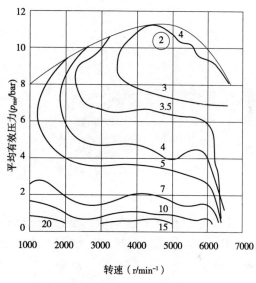

[图中数据单位:g/(kW·h)]

b)HC排放特性

图 2-7　某汽油机的 CO 和 HC 排放特性

图 2-8 表示的是急速转速与排气中 CO、HC 之间的关系,实验结果说明适当提高急速转速,对降低急速 HC 和 CO 排放都有好处。将急速由 700r/min 提高到 800r/min,可以使 CO 下降 10%,HC 下降 15%。

2.点火正时的影响

图 2-9 表示的是点火提前角对碳氢排放的影响,点火时间从推荐的上止点前 30°推迟 10°,碳氢排放浓度减少 100×10^{-6},燃油消耗大约增加 10%。点火推迟对碳氢排放的降低作用,主要原因是由于推迟点火增高了排气温度,促进了 CO 与 HC 的后期氧化,也由于燃烧时降低了汽缸的面容比,燃烧室内的激冷面积减少,

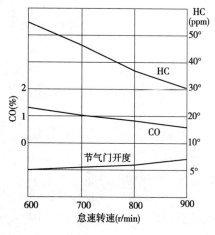

图 2-8　急速转速对 CO 和 HC 排放的影响

27

使排出的 HC 减少。

点火提前角对 CO 的排放浓度没有明显影响,但是过分推迟点火,也会使 CO 的氧化时间减少,引起 CO 排放量的增加。

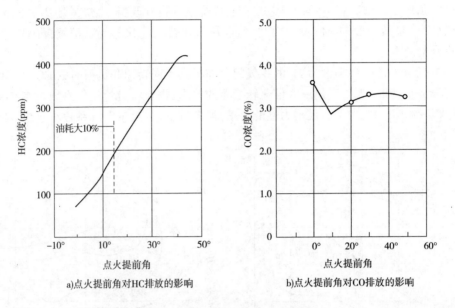

a)点火提前角对HC排放的影响   b)点火提前角对CO排放的影响

图 2-9 点火提前角对 HC 和 CO 的影响

3.燃烧室结构的影响

由于碳氢排放主要是由于燃烧室的冷激效应所引起的,因此应尽可能地减小燃烧室的表面积。在设计燃烧室时,应力求降低其面容比,以减少 HC 排放量,但是 CO 的排放浓度基本不受燃烧室面容比的影响。所以增大发动机的 S/D 比,降低压缩比,均对减少 HC 排放有利。

2.2.2 氮氧化物的影响因素

根据氮氧化物的生成机理,影响 NO 生成的主要因素有以下三点。

(1)最高燃烧温度

温度升高,NO 的平衡浓度增大,生成速率也加快。在氧气充足时,温度是影响 NO 生成量的最重要因素,降低最高燃烧温度是降低 NO 排放量的最有效措施。

(2)氧的浓度

在高温条件下,氧的浓度是生成影响 NO 的重要因素,在氧浓度低时,即使温度高,NO 的生成量也受到抑制。

(3)高温滞留时间

由于 NO 的生成反应速度比燃料燃烧反应速度低,因此即使具备高温条件,如果能够缩短滞留时间,也可以限制 NO 的生成量。

凡是影响上述三方面的因素,均能影响 NO 的生成量,下面分别进行讨论。

1. 空燃比的影响

汽油机空燃比既影响燃烧温度,又影响燃烧产物中氧的含量,所以对 NO_x 的排放影响很大。众所周知,在对应空燃比 12～13 的略浓混合气下汽油机已燃气体的温度达到最高。不过这时已燃气中氧含量低,抑制了 NO 的生成。当空燃比从 12～13 增大时,氧分压增大的效果抵消了温度下降的效果而有余。NO_x 排放量的峰值出现在对应空燃比为 16 左右的略稀混合气中。如果空燃比进一步增大,温度下降的效果明显,导致 NO_x 生成量减少。因此,稀薄燃烧是降低汽油机 NO_x 排放的重要手段。

2. 点火正时的影响

点火正时强烈影响汽油机的 NO_x 排放量。在任何负荷与转速下,加大点火提前角,均会使 NO 浓度增加。而推迟点火使最高燃烧温度降低,NO_x 的生成减少。不同空燃比 α 下,NO 的体积分数随点火提前角的变化趋势如图 2-10 所示。随着点火正时从各曲线左端 BMT 工况点开始向上止点方向推迟,NO 的体积分数不断下降,但当其绝对值很小时,下降速率趋缓。经试验表明,在车用汽油机常用转速和负荷情况下,点火提前角每减少 $10°(CA)$(曲轴转角),可以在输出功率不变的条件下削减 NO_x 排放量 2%～3%。因此,从降低 NO 排放的角度出发,可以采用减小点火提前角,降低最高循环温度的方法,但推迟点火使发动机排气温度升高,有损于发动机的燃油经济性和动力性。

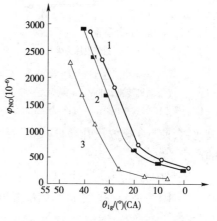

图 2-10 点火正时对排气中 NO 浓度的影响
1-空燃比 15:1;2-空燃比 16:1;3-空燃比 17:1

3. 转速的影响

对不同空燃比的混合气,转速对 NO 生成速度有不同的影响,如图 2-11 所示。对于燃烧较慢的稀混合气,在转速较高时,由于着火落后期不太受转速的影响,在点火时间不变的情况下,燃烧的大部分将在膨胀过程压力与温度较低时进行,使 NO 的生成速度减小。对于燃烧速率较大的浓混合气,提高转速时,由于加强了气体在汽缸中的扰动,加大了火焰传播速度,同时也减少了热损失,使 NO 生成速率有所增加。

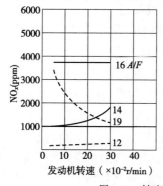
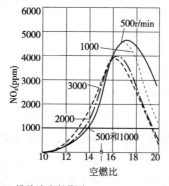

图 2-11 转速对 NO 排放浓度的影响
(进气管压力 98kPa,点火提前角 30°,压缩比 6.7)

4.不同空燃比的影响

负荷对 NO 排放的影响表示在图 2-12 中,汽油机负荷减小,节气门开度减小,进气管的压力下降使 NO 排放浓度下降。主要原因是进气管压力的降低,也就是发动机负荷与温度的降低,残余废气也相应地增加,结果导致着火落后期变长并使火焰传播速度有所减慢,这两个因素均使燃烧持续时间加长,如果此时点火时刻不变则燃烧过程更多向膨胀行程延伸,从而降低了最高燃烧温度,使 NO 排放浓度下降。

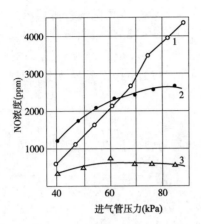

图 2-12 不同空燃比下进气压力对 NO 排放的影响
(发动机转速2000r/min,点火提前角30°)
1-空燃比 16∶1;2-空燃比 14∶1;3-空燃比 12∶1

5.其他影响因素

采用紧凑型燃烧室快速燃烧,散热损失少,燃烧温度上升,NO_x 的生成量会增加,一般通过推迟点火和采用 EGR 等手段控制 NO_x 排放的增加。冷却液温度提高后,使燃气通过缸壁传走的热量减少,从而提高了最高燃烧温度,使 NO 生成量加大。提高压缩比,会使 NO 排放量升高,这是因为燃烧的最高温度随着压缩比的升高而升高,有利于 NO 的产生。

燃料中芳香烃成分对 NO 排放量的影响很大,NO 排放量随着芳香烃含量的增加而升高,主要因为是芳香烃的最高燃烧温度较高的缘故。

2.3 曲轴箱排放控制

汽油机排放的污染物之一 HC 主要有三个来源:尾气排放、曲轴箱排放和燃料箱蒸发排放,后两种污染源主要产生于燃料向大气的排放,可以采用密封和回收的办法加以解决。本节主要介绍曲轴箱排放污染物的控制方法。

曲轴箱窜气是汽油机的重要污染源,大约 20% ~25% 的 HC 来自曲轴箱窜气。汽油机运转时,燃烧室中的高压混合气和已燃气体,或多或少会通过活塞组与汽缸之间的间隙进入曲轴箱,为防止曲轴箱内压力过高,早期汽油机一般都通过机油注油口让曲轴箱与大气相通而进行"呼吸",但因为曲轴箱窜气中含有大量未燃 HC 及其不完全燃烧产物,排入大气则形成排放污染。所以必须加以控制,阻止曲轴箱气体排入大气当中。

为了控制曲轴箱窜气,1961 年美国开始采用曲轴箱强制通风系统。1963 年,美国已将全部汽油车装上强制通风装置。1971 年,日本颁布了必须在新生产车上安装强制通风的法令。1971 年,德国规定了安装 PCV 系统的法令。安装 PCV 系统后,曲轴箱窜气已不再是汽油车污染大气的来源。曲轴箱强制通风系统依靠进气歧管的真空将曲轴箱内气体从曲轴箱吸入进气歧管,并重新进入汽缸烧掉。这样当发动机运转时,强制空气通过曲轴箱运动,将从燃烧室漏入曲轴箱内的污染物带到汽缸内燃烧,根据结构特点,曲轴箱强制通风系统可以分为开式和闭式两种。

2.3.1 开式曲轴箱通风系统

图 2-13 是一种开式曲轴箱通风系统示意图。用管子将曲轴箱与进气歧管相连,当发动机运转时,新鲜的空气通过机油加入口盖上的通风孔被吸入曲轴箱(开式通风系统因此得名)。这些空气与曲轴箱内的蒸气混合,流入进气歧管,进而进入汽缸。从曲轴箱内流出的通风量是受强制曲轴箱通风阀(PCV 阀)控制的。当发动机小负荷、低速(如怠速)运转时,进气管真空度很大,为了不使曲轴箱通风过量,PCV 阀的柱塞被吸在右侧,减小流通截面。而当发动机位于高速、大负荷行驶时,节气门开度增加,进气歧管的真空度小,柱塞位置左移增加了流通截面,这样就使通风量维持在一定的水平(这种 PCV 阀又称为 Smith PCV 阀)。当发动机位于怠速时 PCV 阀被曲轴箱真空所关闭;而当发动机正常运转时,则被曲轴箱内的压力打开。通风量取决于发动机的漏气量。

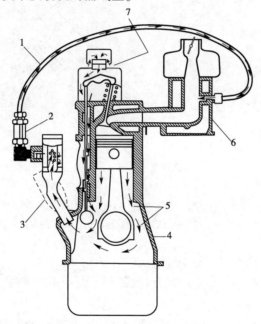

图 2-13 开式曲轴箱通风系统示意图

1-通风软管;2-PCV 阀;3-自然通风管;4-曲轴箱;5-燃烧室漏气;6-进气歧管;7-通过机油滤帽的清洁空气

有一些开式曲轴箱通风中没有 PCV 阀,当发动机工作时,曲轴箱内的气体,经缸体、缸盖上的气道进入气门摆臂室,然后经软管进入空气滤的内部。空气滤内的真空度小,所以通风的吸力较小,不会造成曲轴箱压力过低。

2.3.2 闭式曲轴箱通风系统

闭式 PCV 系统与开式 PCV 系统相比,主要区别在于机油注入口帽不与大气相通,曲轴箱通风所需的空气是由空气滤清器提供的。图 2-14 是一个闭式曲轴箱,有一个软管从空气滤清器将空气引入左排汽缸的气门室盖,在另一排汽缸的气门室盖上有一软管将曲轴箱内的蒸气引入进气歧管。如果对于直列式发动机,则一般从空气滤来的空气从气门室盖的一端进入曲轴箱,而从曲轴箱来的漏气则从气门室盖的另一端引出进入进气歧管。

对闭式曲轴箱通风系统,在正常情况下,从空气滤来的清洁空气,经软管进入曲轴箱如图2-14 a)所示。然后与燃烧室漏气混合。混合后的气体经PCV阀被吸入进气歧管。当大负荷(进气歧管真空度小)或曲轴箱通风系统堵塞时,过量的曲轴箱蒸气将改变正常的流动方向,[如图2-14 b)],流回到空气滤清器,与进入空滤的空气混合,经化油器、进气歧管在燃烧室中被燃烧掉,而不是排入大气当中,因而闭式曲轴箱通风几乎可以彻底地防止曲轴箱窜气所带来的污染。

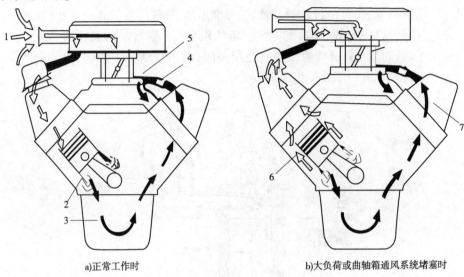

a)正常工作时 b)大负荷或曲轴箱通风系统堵塞时

图2-14 闭式曲轴箱通风系统工作原理

1-清洁空气;2-燃烧室漏气;3-清洁空气与燃烧室漏气混合;4-PCV阀;5-进气歧管;6-部分曲轴箱气体反向流动;7-正常通风继续进行

闭式曲轴箱通风系统有以下三个优点:

①由于曲轴箱内的有害气体被排除,所以延长了发动机的寿命。

②避免了曲轴箱气体污染大气。

③由于所有漏到曲轴箱内的未燃烃回流到进气管被利用,所以提高了经济性。

由于PCV系统的空气和蒸气流入进气系统,所以将影响发动机的混合气。现代发动机设计当中必须考虑PCV系统的影响。实际上,有些发动机在怠速时从PCV系统获得的空气占怠速进气量的比例可达30%。由于这个原因,当PCV系统出现任何故障时,将导致发动机出现操纵性的问题(如怠速不稳,加速不良等)。如果PCV系统不能正常工作,将使机油稀释、变质,或在空气滤上沉积机油,造成发动机过早磨损或使空气滤堵塞。

2.4 燃油蒸发和加油排放控制

汽油是一种易挥发的液体,早期的汽油机化油器在发动机工作时受热严重,温度较高,如果在这种情况下停车,化油器浮子室中的汽油大量蒸发,流入进气管并通过空气滤清器流入大气,这部分 HC 被称为热浸损失。

早期的汽油车油箱盖采用蒸气空气阀结构,汽油箱中的汽油由于昼夜温度变化造成油箱呼吸(换气现象),使油箱内的汽油蒸气流出箱外,这部分 HC 排放被称为昼夜损失。热浸损失与昼夜损失的数量不小,占汽油机 HC 总排量的 20% 左右。目前,车用汽油机广泛采用电控燃油喷射系统,燃油蒸发导致的 HC 排放主要来自油箱内的汽油蒸气泄漏。

在车辆油箱加油期间,从燃油箱溢出的汽油蒸气和燃油滴漏等产生的燃油蒸发排放与加油站的外部条件有关,控制起来比较困难,这部分逃逸的汽油蒸气导致的 HC 排放被称为注油损失,目前国内外已采用汽油蒸气收集技术来控制车辆油箱加油期间的 HC 排放。

2.4.1　燃油蒸发损失控制

燃油蒸发控制系统的作用是防止汽车油箱内蒸发的汽油蒸气排入大气,常用活性炭罐作为汽油蒸气的暂存空间,实现对汽油蒸发物的控制。不同汽车的汽油蒸发控制系统的具体结构各不相同,但是基本原理是一致的(图 2-14)。炭罐是控制系统中存贮汽油蒸气的部件,它的结构如图 2-15 所示,下部与大气相通;上部有一些与油箱等相连的接头,用于收集和清除汽油蒸气;中间是活性炭粉末。由于活性炭的表面积极大,所以具有极大的吸附作用。常见的活性炭罐的吸附面积达 80 ~ 165 个足球场的面积。液体—蒸气分离器的作用是阻止液态燃油进入炭罐。有些液体—蒸气分离器与油箱做成一体,油箱到炭罐仅用一根软管连接。浮子室内的汽油蒸气可以直接或间接地接到炭罐中。一般浮子室内蒸气到炭罐的通道由阀来控制,当发动机在怠速或停机时,通道开通,使蒸气贮存于炭罐中。当发动机正常行驶时,则通道关闭。

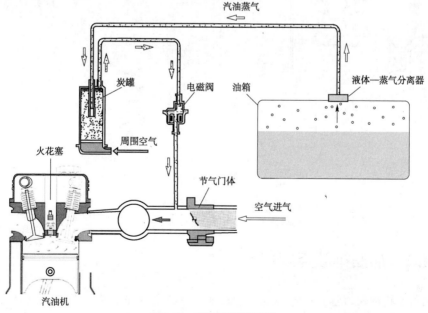

图 2-15　汽油蒸发控制系统

当发动机停车时,汽油蒸气贮存到炭罐中;当发动机工作时,在进气歧管真空作用下,供油系内的汽油蒸气和吸附在炭罐内的汽油蒸气被吸入进气系统。与前面所述的 PCV 系统相似,蒸发控制系统也会影响汽油机的混合气浓度,因此,蒸气净化气流必须精确控制。流量的控制方法应满足以下两个要求:

①必须保证活性炭得到净化,恢复其活性。

②对空燃比和操纵性带来影响要小。

在电子控制燃料喷射的汽油机中,蒸发控制系统不用考虑化油器中的蒸气,因而结构较简单,但是由于蒸发控制系统会破坏燃油控制系统所提供的空燃比,所以一般由微处理器来控制炭罐净化,如图 2-16 所示。一般在炭罐上安装一个由微处理器控制的电磁阀。在正常情况下,一般控制系统只在闭环操作时允许炭罐净化,因为反馈系统可以消除净化系统对空燃比的影响,ECU 根据发动机转速、温度、空气流量等信号,控制炭罐电磁阀的开闭来控制真空控制阀上部的真空度,从而控制真空控制阀的开度。当真空控制阀打开时,燃油蒸气通过真空控制阀被吸入进气歧管。而在开环控制模式,如冷机怠速、暖机、加减速、大负荷情况下,ECU 使电磁阀断电,关闭吸气通道,活性炭罐内的燃油蒸气不能被吸入进气歧管。

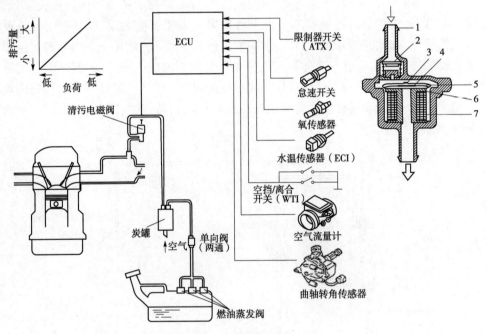

图 2-16　蒸发控制系统

1-软管接头;2-止回阀;3-片簧;4-密封件;5-电磁电枢;6-密封座;7-电磁线圈

2.4.2　加油排放控制

加油蒸发排放可以通过改造加油站的加油装置或车载加油装置来加以控制。车载式加油蒸发排放控制装置不仅要在加油时对加油口进行密封,而且要能顺畅地将加油时油箱内的蒸气导向炭罐,如图 2-17 所示。加油时,油箱压力升高,低压落阀被打开,燃油蒸气通过这个通路流向炭罐,其余时间低压落阀关闭,也封闭了这个通路。加油时汽油蒸气回收过程如图 2-18 所示。通过这种方式能有效地降低汽油车油箱加油过程中的 HC 蒸发排放,从而达到了节能减排的目的。

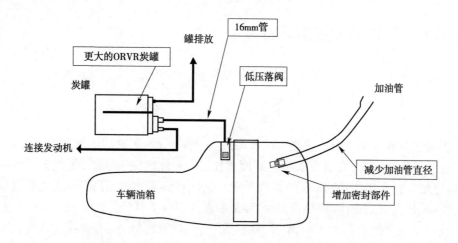

图 2-17　加油过程 HC 排放控制系统

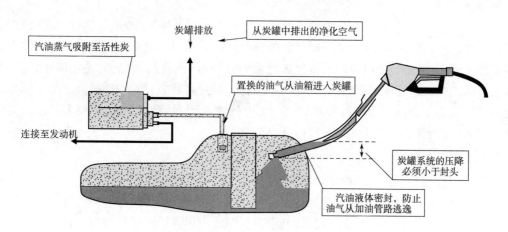

图 2-18　加油过程的汽油蒸气回收示意图

2.5　汽油机机内净化技术

减少汽车排气中的有害排放物的途径,可以分为两种:一种称为机内净化,它是通过改善发动机燃烧过程,防止或减少有害物在发动机燃烧过程中的生成,减少排气中的有害物质。另一种是用设置在发动机外部的装置将发动机排出的废气进行净化处理,在净化装置中减少在发动机中已经产生的污染物,这种方式称为机外净化。

机内净化技术是汽油机排放控制的主要方法之一,通过优化发动机设计,改善发动机混合气的燃烧过程以减少排放,这是治理发动机排放污染的基本措施之一,因而备受汽车发动机设计研究人员的青睐。

由于混合气形成与燃烧和有害排放物的产生有着直接关系,因此对那些严重影响混合气形成与燃烧的因素进行最佳控制是机内净化的有效方法。例如,改善汽油品质、优化发动机燃烧室设计、采用电子控制燃油喷射及电子控制汽油机点火等手段都是机内净化的常用措施。

2.5.1 汽油机燃烧室设计

不论是从改善动力性、经济性出发,还是从降低排放出发,对汽油机燃烧室的要求都是一致的,就是应尽可能使燃烧室紧凑。

1. 燃烧室结构

由于碳氢排放主要是由于燃烧室的冷激效应所引起的,因此应尽可能减小燃烧室的表面积。在设计燃烧室时,应当力求降低其面容比,以减少 HC 排放量。燃烧室形状紧凑,燃烧改善,也使不完全燃烧产物 CO 的排放下降。燃烧室面容比的下降使未燃 HC 排放下降。此外,紧凑燃烧室燃烧快速,散热损失少,使最高燃烧温度上升,导致 NO_x 的生成量增加。但快速燃烧也是采用推迟点火及 EGR 等手段降低 NO_x 获得成功的必要前提。因此,采用紧凑燃烧室实现快速燃烧,加上优化的点火正时和 EGR 率,可能获得动力性、经济性、NO_x 排放之间的最佳折中。

因此,圆盘形、浴盆形、楔形燃烧室越来越让位于更加紧凑的半球形、帐篷形燃烧室。为了改善燃烧室形状的紧凑性,应采用较大的行程缸径比 S/D。过去,在发动机活塞平均速度受可靠性和耐久性限制的前提下,曾经广泛采用 $S/D < 1$ 的短行程结构,使相同排量的发动机能以较高的转速运转,得到较高的比功率指标。但短行程发动机 HC 排放量高。所以,现代高性能低排放汽油机大多是 $S/D = 1.0 \sim 1.1$ 的稍长行程结构。如果采用多气门结构,由于换气条件得到改善,采用 $S/D = 1.1 \sim 1.2$ 较多。

2. 多气门技术

多气门技术是燃烧室结构优化的重要因素。多气门发动机是指每一个汽缸的气门数目超过两个,即两个进气门和一个排气门的三气门式;两个进气门和两个排气门的四气门式;三个进气门和两个排气门的五气门式,其中四气门式应用普遍。在汽油发动机中,多气门与两气门比较,多气门发动机能提高换气流通面积,减少泵气损失,增大充量系数,且火花塞可以布置在燃烧室中央或接近这一位置,缩短火焰传播距离,加速燃烧过程,保证较高的质量燃烧速率。发动机在低速运行时,可通过电控系统关闭一个进气道,使汽缸内进气涡流加强,改善燃烧。因此,多气门发动机具有排气污染少、功率及转矩高及噪音低等优点,符合节能减排的发展方向,所以多气门技术得以迅速推广使用。

3. 压缩比

从汽油机的理论循环来讲,提高压缩比可以提高热效率,从而提高动力输出,并且油耗降低,油耗降低的同时也意味着排放减少。但压缩比的提高意味着燃烧温度可能提高而导致 NO_x 排放增加;同时,过高的压缩比会使发动机爆震倾向增大,因此,现代汽油机都采用爆震反馈的点火提前角控制策略,以保证最佳的燃烧控制。

4. 活塞组设计

活塞、活塞环与汽缸壁之间形成的间隙,对汽油的 HC 排放有很大的影响。在保证可靠性的前提下应尽量减小火力岸高度,使用热膨胀更小的活塞材料(如碳纤维复合材料)和耐热性更好的活塞环材料。

2.5.2　汽油机燃烧系统设计

1. 可燃混合气形成及空燃比控制

混合气形成特性是决定汽油机性能和排放的关键因素。传统的化油器在发动机小负荷工况时,由于燃烧稳定性的要求需提供浓混合气。在常用的中等负荷工况时,根据燃料经济性的要求提供略稀的混合气($\phi_a \approx 1.1$)。在大负荷工况直至全负荷工况时,根据动力性的要求提供略浓的混合气($\phi_a = 0.8 \sim 0.9$)。化油器是根据流体力学原理配剂混合气的混合比,精度不高,影响因素较多,无法满足低排放的要求。

汽油机电子控制燃油喷射技术将空气量和燃油量分开测量,在各种工况下都能精确地计量燃油喷射量,而且在整个使用期内可以保持高精度和高稳定性。同时,由于电子控制的灵活性和计算机强有力的处理能力,使电控系统可以根据发动机的各种运行工况,如启动、暖机、怠速、加速、满负荷、部分负荷、滑行以及环境温度、海拔高度等的变化,实现最佳空燃比控制,从而获得良好的节油和排气净化效果。与传统的机械式化油器相比,电控汽油喷射系统可以使发动机的功率提高 5%~10%,燃油消耗率降低 5%~15%,有害废气排放量减少 20% 左右。

汽油机电控喷射系统的空燃比控制是采用调整与进气量相匹配的供油量实现的,因此进气空气流量的测量是控制空燃比的基础。

发动机进气空气流量的测量方法可分为直接测量和间接测量两种。

①直接测量法是用空气流量计直接测量吸入进气管的空气量,这种测量方式又可分为体积流量检测方式和质量流量检测方法。

桑塔纳 2000 GSi 电控系统如图 2-19 所示,该系统采用热线式空气流量计直接测量吸入进气管的空气质量流量,因此,采用这种方式的电子控制汽油喷射系统被称为质量流量方式的电子控制汽油喷射系统。

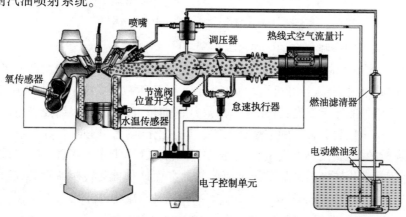

图 2-19　桑塔纳 2000GSi 电控系统

②间接测量法是测量与进气量有关的参数,间接地反映进气量。常用的间接测量法有速度密度和节流速度两种方式。速度密度方式是利用发动机转速和进气管中的绝对压力,推算出每一循环吸入发动机的空气量,根据算出的空气量计算汽油的喷射量。节流速度方式是利用节流阀开度和发动机转速,推算每一循环吸入发动机的空气量,根据推算的空气量计算汽油的喷射量。该方法具有响应性好的特点,但由于其测量精度相对较低,对批量生产中的产品差异及随时间推移而产生的磨损敏感,因此应用较少。

汽油机电控燃油喷射系统按喷油器安装位置可分为进气道喷射(包括单点喷射和多点喷射)和缸内喷射,如图 2-20 所示。

①单点喷射(Single Point Injection,简称 SPI) 几个汽缸共用一个喷油器,单点喷射系统因喷油器装在节气门体上,因而又称节气门体喷射(Throttle Body Injection,简称 TBI),如图 2-20a)所示。

②多点喷射(Multi Point Fuel Injection,简称 MPFI) 每一个汽缸有一个喷油器,安置在进气门附近,如图 2-20 b)所示。

③缸内喷射(Gasoline Direct Injection,简称 GDI) 在压缩行程开始前或刚开始时将汽油喷入汽缸内,这项技术用于稀薄燃烧的汽油机,如图 2-20c)所示。

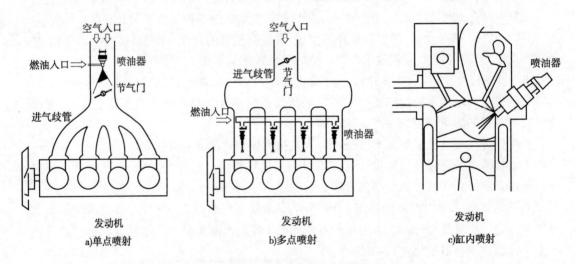

图 2-20 汽油机电控喷油系统喷油器安装示意图

(1)进气道多点顺序喷射燃油供给系统

汽油机电子控制燃油喷射最早采用开环控制方式,根据实验确定的发动机各种运行工况的最佳供油参数事先存入计算机,发动机运行时,计算机根据系统中各个传感器的输入信号,判断发动机所处的运行工况,由此计算出最佳供油量,经功率放大器控制电磁喷油器的喷射时间,从而精确控制混合气的空燃比,使发动机优化运行。因此,开环控制系统受发动机运行工况参数的控制,按事先设定在计算机中的控制规律工作。随着汽车排放法规逐步严格,需要用三效催化转换器来降低汽油机的排放。而这种催化转换器只有在过量空气系数 $\phi_a = 1.0$ 时才能有效地同时转化 CO、HC 和 NO_x 三种污染物,如图 2-21 所示。图 2-21 中虚线部分为未加三元催化转换器时 CO、HC 和 NO_x 排放浓度与过量空气系数的关系。实线部分为采用三元催化转换器后 CO、HC 和 NO$_x$ 与过量空气系数的关系。从图中可看出采用三元催化转换器时只有当空燃比在化学计量比附近很窄范围内 HC、CO 和 NO$_x$ 排出浓度均较小。在化油器的发动机中，混合气很难达到该要求。只有装有电控汽油喷射发动机采用闭环控制方式，才能使混合气空燃比严格控制在化学计量比附近很窄的范围内，使有害排放物净化效率最高。

化油器很难保证这样精确的 ϕ_a。用排气管中的氧传感器监测 ϕ_a 并对 ϕ_a 进行反馈控制的电控汽油喷射系统能达到 $\phi_a = 1.0$ 的控制要求，因此获得广泛的应用，如图 2-22 所示。在排放要求很严的车用汽油机领域，电控汽油喷射系统几乎已完全淘汰了化油器。

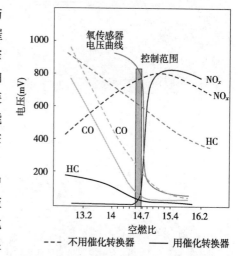

图 2-21　催化转换器催化效率与混合气空燃比 ϕ_a 的关系

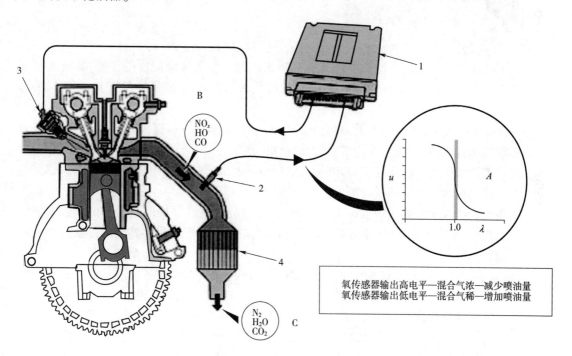

图 2-22　氧传感器反馈控制的电控汽油喷射系统
1-ECU；2-氧传感器；3-喷油器；4-三效催化转换器

目前广泛应用的进气道多点顺序喷射燃油供给系统如图 2-23 所示，配合闭环电控和三效催化转换器，在正常运转工况下性能良好，排放能满足法规要求，所以成为标准的低排放汽油机燃油供给方案。但它仍存在传统均质燃烧汽油机的固有缺点：部分负荷运转时进气节流损失大，影响燃料经济性；冷起动和暖机期间油气混合不足，造成很高的 HC 排放；化学计量比燃烧使 NO$_x$ 排放很高，严重依赖三效催化转换器解决问题。

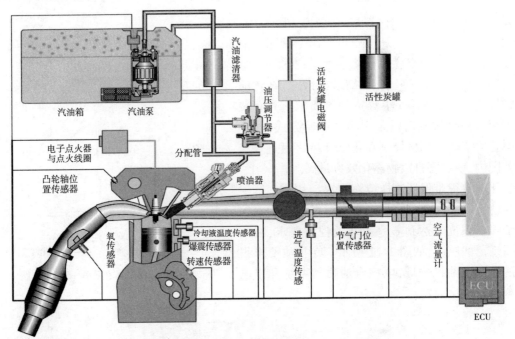

图 2-23　汽油机进气道多点顺序喷射燃油供给系统

为了减小进气道喷射汽油机在冷起动和暖机以及全负荷加浓阶段的排放,要对这些运转阶段进行开环控制,并进行精确的标定,在保证顺利起动、稳定暖机的前提下,不要过量供给燃油。

发动机冷启动时,由于温度低,空燃比小,CO 和 HC 排放量很高,所以应当尽可能缩短冷启动时间,为此需要提高点火能量,增大启动机功率。

暖机期间要使可燃混合气、冷却液和机油尽快热起来,例如,采用进气自动加热系统,有助于改善暖机和寒冷天气运转时的混合气形成条件。

车用汽油机在实际使用中怠速工况占很大的比例,汽油机在怠速工况下由于残余废气系数大,混合气不得不加浓,结果导致 CO 和 HC 的排放很高,所以世界各国的排放法规都是首先限制怠速排放。

降低怠速时的 HC 和 CO 排放,首先需要精确调整怠速工况的空燃比。一般当混合气很浓时,CO 排放量高,HC 排放相对较低;反之,当混合气调稀时,CO 幅度大幅度下降,但 HC上升。怠速转速对怠速排放的影响很大,传统的观点是尽量降低怠速转速,以减少怠速燃油消耗率。怠速转速多在 400～500r/min 之间,在这样的转速下,降低怠速排放比较困难。现代高速车用汽油机怠速转速多在 800～1000r/min 之间,使怠速排放大大降低。

（2）汽油缸内直喷系统（GDI）

汽油缸内直喷系统（Gasoline Direct Injection,简称 GDI）采用高压将汽油直接喷入汽缸内,可以很好地解决进气道低压喷射汽油机面临的问题。高压喷射将汽油直接喷入汽缸内,改善汽油机的油气混合过程,冷启动和暖机过程不再需要过量供油。直喷技术有较好的动态响应,全负荷加浓时的排放可以缓解。在部分负荷时,缸内直喷汽油机有可能通过充量的分层实现稀燃,减少进气节流和泵气损失,提高了经济性,降低了排放。Bosch 公司电控缸内直接喷射系统如图 2-24 所示。

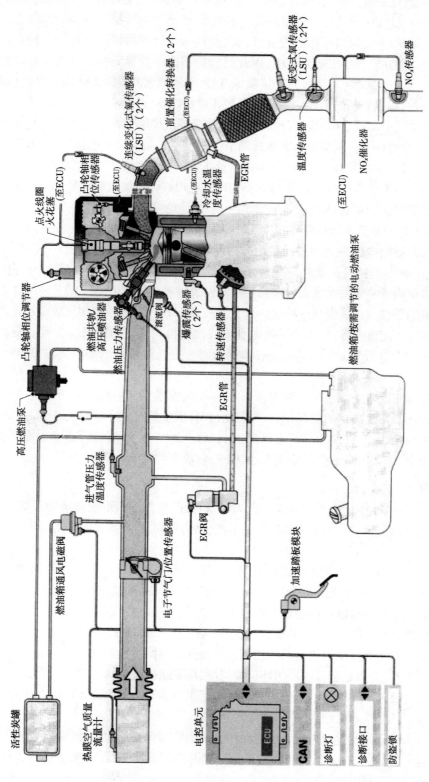

图2-24　Bosch公司电控缸内直接喷射系统

图 2-24 是现代缸内直喷式汽油机典型的系统布置示意图,主要有进气系统、喷油系统、点火系统、排气后处理系统和电子控制系统等五大系统,所用的传感器和执行部件大体上与进气道喷射汽油机相似,但为适应缸内直喷式汽油机工作原理的特点而有所不同。这种高压喷油系统是一种共轨蓄压式喷射系统,因此燃油能够按电控单元的指令在任何时刻以所需要的压力由电控喷油器精确计量并直接喷入汽缸,而所要求的发动机输出扭矩值(即负荷大小)是由驾驶员根据行驶的需要踩下或松开加速踏板模块,通过油门位置传感器发出的电信号通知电控单元来调节喷油量而实现的。为了使发动机能够实现分层燃烧与均质燃烧两种运行方式,必须将进气量调节与加速踏板调节(负荷调节)分开,以便能够在低负荷工况时节气门全开,实现发动机无节流运行,而在高负荷工况时又能用节气门来调节进气空气量。进气空气质量可由电子节气门(EGAS)自由调节,并应用热膜空气质量流量计来精确测量汽缸吸入的空气质量。而混合气空燃比控制由一个普通的宽带 λ 传感器来实现,用于进行 $\lambda =1$ 的均质运行或分层稀薄运行调节以及吸附式降 NO_x 催化转换器再生的精确控制。为了降低发动机的 NO_x 原始排放,应尽可能地采用高的废气再循环(EGR)率,因此,在热力循环中废气再循环的精确调节是特别重要的,采用一个进气管压力传感器来进行废气再循环的测量。

电控汽油缸内直接喷射系统在分层稀燃运行时氧过剩的情况下,为 HC 和 CO 的氧化净化创造了有利的条件。富氧废气后处理的最大挑战在于 NO_x 的还原净化反应因缺乏还原剂(CO、HC 或 H_2)而无法进行,因此分层稀燃直喷式汽油机的排气净化问题关键是提高缸内分层稀燃直喷式汽油机 NO_x 转化净化率,才能达到与进气道喷射汽油机那样的 NO_x 排放水平。

在分层燃烧工况由于混合气的浓度分布不均匀,导致缸内直喷汽油机的颗粒物排放明显增加。随着国Ⅵ排放法规的发布,不仅颗粒物(PM)质量的限值降为 3mg/km,还增加了对颗粒物数量(PN)的控制,规定 PN 不得高于 11×6^{10} 个/km。传统的后处理系统不能满足国Ⅵ标准的要求,需采用汽油机颗粒捕集器(GPF)解决颗粒物排放问题。

2. 点火控制

点火系统的性能,如点火正时脉谱和点火能量特性,对汽油机的燃烧有重要影响,从而影响发动机的性能和排放。为使汽油机高效节能、动力强劲、排放最低,要求点火可靠,点火正时优化。

点火正时对汽油机的性能和排放影响很大。推迟点火有利于降低缸内最高燃烧温度,有利于降低 NO_x;推迟点火能提高排气温度,有利于 HC 和 CO 的后期氧化;推迟点火来提高排温也是在暖机阶段加速催化剂起燃的有效手段。

所以,点火正时需要考虑多种因素进行优化,制定点火脉谱,现在多由无分电器的电控点火系统实现开环控制。电控点火系统还可接收根据机体振动检测发动机是否发生爆燃的爆燃传感器的信号,对点火正时进行闭环反馈控制,在发动机整个转速和负荷范围内控制最佳点火提前角,保证在发动机在临近爆燃界限的工况下运转,获得最佳的动力性和燃油经济性。

电控点火系统还可通过对点火一次电路闭合期的控制保证最大可能的点火能量。当点火电源蓄电池电压偏低时,电控系统自动延长一次电路闭合期,使点火能量得到保证;当发动机的转速提高时,以曲轴转角计的闭合角自动加大,以保证以时间计的闭合期。现代电控点火系的二次电压已高达 30~40kV,火花塞火花间隙已达 1.0~1.5mm,以保证可靠点火。

电控点火系统主要由三大部分组成:①监测发动机运转状况的各类传感器;②处理各种传感器信号并发出控制指令的 ECU;③执行 ECU 指令的执行机构,主要包括点火器、点火线圈、分电器和火花塞等,图 2-25 是一个六缸汽油机电子控制点火系统。

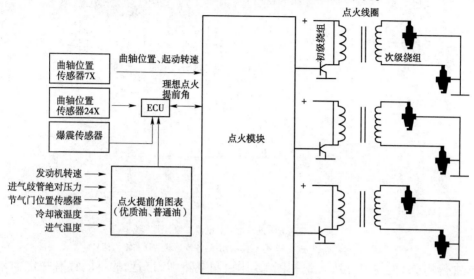

图 2-25 点火控制系统示意图

该电控点火系统除了与电控汽油喷射系统的转速和曲轴位置传感器、负荷传感器、节气门位置传感器、水温和空气温度传感器等一样外,还有专门为点火控制用的爆震传感器。其执行器为点火模块和点火线圈。点火模块的主要作用是将电子控制单元输出信号送至功率管进行放大,并按发火顺序给点火线圈提供初级电流。该系统的无分电器点火系统是采用两个汽缸共用一个点火线圈,如图 2-26 所示。高压线圈的两端分别接在同一曲拐方向两缸火花塞的中央电极上,高压电通过地形成回路。点火时,一个汽缸活塞处在压缩行程上的止点前,火花将压缩混合气点燃;另一个汽缸则处于排气行程上止点前,因汽缸内是废气,因此成为无效点火火花。

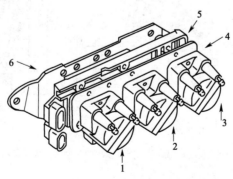

图 2-26 点火线圈与点火模块

1-①④两缸点火线圈;2-⑥③两缸点火线圈;3-②⑤两缸点火线圈;4-罩;5-点火模块;6-托架

目前的每个汽缸采用一个点火线圈的电控点火系统,称为每缸单独点火系统。例如,奥迪五缸发动机的单独点火系统如图 2-27 所示。ECU 输出 5 路点火控制信号,控制信号分别由两个点火驱动模块驱动,控制 5 个点火线圈,实现点火电压分配。

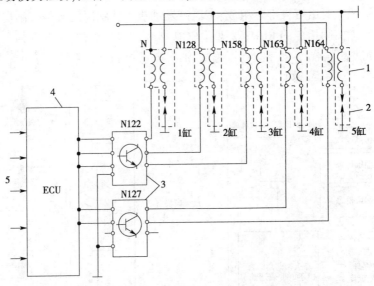

图 2-27 奥迪五缸发动机无分电器单独点火系统

1-点火线圈;2-火花塞;3-点火器;4-电控单元;5-各传感器和开关输入信号

单独点火方式的控制方法大致相同,具体控制电路则因车型的不同存有一定的差异。主要是在点火驱动模块的数量上,有的采用几个驱动模块,每个驱动模块控制一个点火线圈;而有的则采用一个点火模块输出多路驱动信号,驱动多个点火线圈。

每缸采用单独点火方式的点火系统为每个汽缸配置独立的点火线圈,例如,奥迪发动机每缸单独点火系统如图 2-28 所示。由于一个线圈向一个汽缸提供点火能量,因此在相同的发动机转速下,单位时间内线圈中通过的电流要小得多,线圈不容易发热。所以,这种线圈的初级电流可以设计得比较大,而体积却非常小巧。

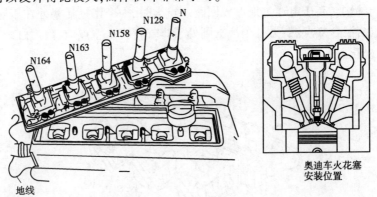

图 2-28 奥迪发动机每缸单独点火系统的 5 个点火线圈安装示意图

3. 涡轮增压技术

涡轮增压技术包括单级增压、双级增压及可调增压等多种形式。涡轮增压的主要作用就是提高发动机进气量,从而提高发动机的功率和转矩。一台发动机装上涡轮增压器后,其最大功率与未装增压器的时候相比可以增加 40%,甚至更高。由此可见,同样一台的发动机在经过增压之后能够产生更大的功率。就以我们最常见的 1.8T 涡轮增压发动机来说,经过增压之后,动力可以达到 2.4L 发动机的水平,但是耗油量却比 1.8 发动机高不了多少,从另外一个层面上来说,由于涡轮增压技术利用了废气能量,所以提高了发动机燃油经济性,并且降低了尾气排放。

4.可变配气机构

可变配气机构包括可变进气管长度、可变配气正时等多种结构,依据发动机负荷和转速改变进气管长度或控制气门升程,从而实现降低进气阻力、提高充气效率的目的,改善发动机燃烧过程,提高发动机的动力性、燃油经济性,并降低了尾气排放。

2.6　废气再循环(EGR)

汽油机燃烧前,燃烧室中的混合气由空气、汽油蒸气和已燃气体组成,后者是前一工作循环留下的残余废气,或者是采用排气再循环(Exhaust Gas Recirculation,简称 EGR)时从排气管回流到进气管而进入汽缸的废气。残余废气系数主要取决于发动机负荷和转速,减小发动机负荷(对均匀燃烧的汽油机来说就是减小节气门开度)和提高转速,均能使进气阻力加大,残余废气系数增大。压缩比较高的发动机,残气系数较小,但因压缩比变化范围不大,这项因素影响不大。

废气再循环(EGR)是目前用于降低 NO_x 排放的一种有效措施。EGR 系统的工作原理如图 2-29 所示。EGR 系统的作用是将部分废气引出排气系统,将引出的废气再送入进气系统,并对送入进气系统的废气进行最佳的控制与调节,废气引入进气管后与新鲜混合气混合后送入汽缸燃烧,实现再循环。

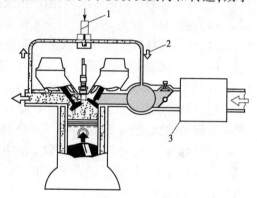

图 2-29　EGR 系统的工作原理
1-EGR 阀;2-再循环废气;3-混合气形系统

2.6.1　EGR 工作原理和控制策略

EGR 净化 NO_x 的基本原理是热容理论的具体应用,由于废气中的主要成分是 CO_2,H_2O,N_2 等,而且三原子气体的比热较高,当新鲜混合气和废气混合后,热容量随着增大。因此,加热这种经过废气稀释后的混合气,使其达到相同温升所需要的热量随之增加,如果在燃料燃烧放热量不变的情况下,最高燃烧温度因此得以降低;同时,废气对新鲜混合气的稀释作用,意味着它降低了燃烧室中氧的浓度,从而可使 NO_x 在燃烧过程中的生成量受到了抑制。

废气再循环的程度用废气再循环率(简称 EGR 率)定量描述,EGR 率用再循环废气质量与总进气质量之比来定义,即

$$EGR \, 率 = \frac{EGR \, 量}{进气量 + EGR \, 量} \times 100\%$$

一般 10% 的 EGR 率就可使 NO_x 排放下降 50% ~ 70%，效果极其明显。其主要原因在于 EGR 使工作混合气的总热容大大增加，最高燃烧温度下降。小负荷运转用少量 EGR 率就能改善燃烧；但 EGR 率过大会使燃烧不稳定，表现在缸内压力变动率增大，甚至导致缺火，使 HC 排放剧增；中等负荷用过大的 EGR 率会使油耗上升，HC 排放增大。

采用 EGR 系统净化措施后，随着废气回流率的增加，将使燃烧速度减慢，燃烧稳定性变差，循环变动增大，致使 HC 排放上升，功率下降和油耗增大，因此，应用 EGR 控制汽油机 NO_x 排放的技术关键是适当控制 EGR 率，使之在各种不同工况下的各种性能（如动力性、经济性、燃烧稳定性、HC 排放、NO_x 排放等）达到最佳折中，实现综合优化。汽油机 EGR 系统的控制要求如下：

（1）由于 NO_x 排放量随着负荷的增加而增加，因此，废气回流率亦应随负荷而增加。

（2）暖车过程中，冷却水温度和进气温度均较低，NO_x 的排放浓度也很低，为了防止废气回流破坏燃烧的稳定性，一般在发动机冷却水温度低于 50 ℃ 以下时，不应进行 EGR。

（3）在怠速和小负荷工况时，NO_x 排放浓度不高，也不应进行 EGR。

（4）在全负荷或高速运行时，为了使发动机保持足够的动力性能，不应进行 EGR。

（5）废气再循环量对 NO_x 的影响还受到空燃比、点火提前角等因素的影响。

（6）为了实现 EGR 的最佳效果，要保证各缸的 EGR 率一致。

EGR 率对汽油机中等负荷下 NO_x 排放的影响如图 2-30 所示。

汽油机的最高燃烧温度与负荷有强烈的顺变关系，所以在大负荷运转时 NO_x 排放多，小负荷运转时则少，但这是在 ϕ_a 不变的条件下。实际上汽油机在接近全负荷运转时，一般都会加浓混合气（对应 ϕ_a 下降），导致 φ_{NO_x} 下降，如图 2-31 所示。因此，发动机在全负荷运转时，为了追求最大动力性，混合气加浓，NO_x 排放有下降趋势，一般不采用 EGR，以免影响动力性。

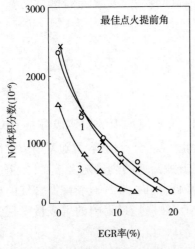

图 2-30　不同空燃比时 EGR 率对 NO_x 的影响
1-空燃比 15∶1；2-空燃比 16∶1；3-空燃比 17∶1

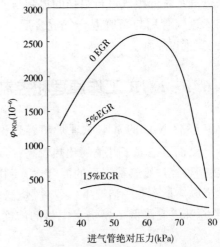

图 2-31　汽油机的负荷（用进气管压力表示）和 EGR 率对 NO_x 排放的影响（对应汽车以 48km/h 速度行驶）

2.6.2 典型的 EGR 系统

车用汽油机常用的 EGR 控制系统有三种形式,如图 2-32 所示。其中,图 2-32 a)表示的真空控制系统中,除低温切断 EGR 用温度控制阀 5 实现外,其余控制规律全靠节气门后的真空度和真空驱动 EGR 阀的构造保证。如果 EGR 阀是一个简单的膜片阀,而节气门后的真空度将随负荷的减小而加大,因而 EGR 阀的开度将随负荷减小而加大。这显然不符合 EGR 控制要求。为此,在 EGR 阀的具体设计上采用了很多方法,如双膜片的应用。主膜片保证最大负荷下驱动真空度小时 EGR 阀关闭,当发动机负荷和转速降低时,排气背压降低,副膜片在小弹簧作用下下移,打开控制阀,使主膜片室内的真空度流失,EGR 阀开度减小。

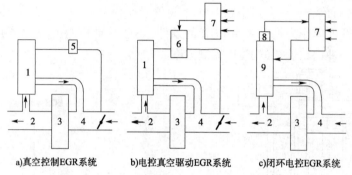

a)真空控制EGR系统　　b)电控真空驱动EGR系统　　c)闭环电控EGR系统

图 2-32　车用汽油机的 EGR 控制系统框图

1-真空驱动 EGR 阀;2-排气管;3-发动机;4-进气管;5-温度传感器;6-电控真空调节器;7-电控单元;8-EGR 阀位置传感器;9-电磁式 EGR 阀

EGR 开环控制系统如图 2-33 所示。发动机工作时,ECU 根据冷却液温度、节气门开度、转速、起动等信号控制 EGR 电磁阀的搭铁电路来控制 EGR 电磁阀的开度,从而控制进入 EGR 阀的真空度,即控制 EGR 阀的开度,改变参与再循环的废气量。不进行 EGR 的工况有起动工况、怠速工况、暖机工况及转速低于 900r/min 或高于 3200r/min 时。

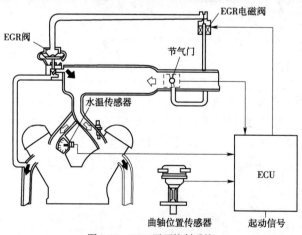

图 2-33　EGR 开环控制系统

某些发动机中,EGR 电磁阀采用占空比控制电磁阀的开度,调节作用在 EGR 阀上的真空度,控制 EGR 阀的开度,以实现对废气再循环量的控制。

在开环控制 EGR 系统中,ECU 根据各传感器信号确定发动机工况,并按其内存的 EGR 率与转速、负荷的对应关系进行控制,而对其控制结果不进行检测。在闭环控制的 EGR 系统中,检测实际的 EGR 阀开度作为反馈控制信号,ECU 根据此信号修正电磁阀开度,使 EGR 率保持在最佳值。

若全靠真空控制,即使 EGR 阀设计巧妙,也不可能得出理想的控制规律,电控系统用预先标定的脉谱通过电控真空调节器控制阀的开度,显然大大提高了控制的自由度。闭环全电控系统应用了带位移传感器的线性位移电磁 EGR 阀,进一步提高了控制精度。图 2-34 表示的就是这种 EGR 阀的一个实例。

在汽油机电子控制系统中,根据发动机转速和负荷建立的 EGR 阀位置的三维图表,如图 2-35 所示,采用占空比控制 EGR 电磁阀的开度,或调节作用在 EGR 阀上的真空度,控制 EGR 阀的开度,从而实现开环控制或以 EGR 阀位置作为反馈信号实现闭环控制,并以冷却液温度、节气门开度等作为是否采用 EGR 的条件,并对不同 EGR 率的基本点火提前角进行综合控制,这是一种比较理想的 EGR 控制方案。

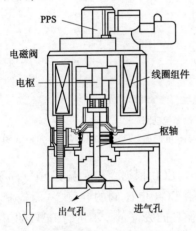

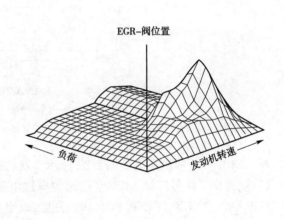

图 2-34　带位移传感器的线性位移电磁式 EGR 阀构造　　　图 2-35　EGR 阀位置与发动机转速和负荷的关系

本章小结

本章主要介绍汽油机有害排放物,包括一氧化碳、碳氢化合物、氮氧化物的生成机理和主要影响因素,并针对汽油机有害排放物的生成特点,介绍了汽油机机内净化技术,包括电控燃油喷射、电控点火及燃烧室改进等技术措施。另外,本章还介绍了废气再循环 EGR 系统、曲轴箱排放控制系统及燃油蒸发控制系统的工作原理、功用及控制方法。

自测题

一、单选题

1. 在汽油机微机控制的点火系统中,基本点火提前角是由(　　　)两个参数数据所确定的。

  A.转速、负荷   B.负荷、压缩比

  C.排量、压缩比   D.排量、转速

  2.随着国Ⅵ排放法规的发布,不仅颗粒物质量 PM 的限值降低为 3mg/km,还增加了对颗粒物数量(PN)的控制,规定 PN 不得高于( )。

  A.11×6^8个/km   B.11×6^{10}个/km

  C.11×6^{11}个/km   D.11×6^{12}个/km

  3.现代高速车用汽油机怠速转速多( )之间,使怠速排放大大降低。

  A.$400 \sim 600r/min$ B.$600 \sim 800r/min$

  C.$700 \sim 900r/min$ D.$800 \sim 1000r/min$

二、判断题

1.车用汽油机常用的 EGR 控制系统有两种形式。   ( )

2.一般当混合气很浓时,CO,HC 排放量均相对较低。   ( )

3.点火系统的性能,如点火正时脉谱和点火能量特性,对汽油机的燃烧有重要影响。

                         ( )

三、简答题

1.简述废气再循环 EGR 的目的和基本原理。

2.简述电子控制汽油喷射系统基本组成和功用。

3.电子控制汽油喷射系统有哪些分类?

4.曲轴箱通风的目的是什么?曲轴箱强制通风系统如何分类?各有哪些特点?

第3章　柴油机排气污染物及其控制

导言

本章主要介绍柴油机排气污染物以及控制措施等内容。通过学习本章内容，力求使学生掌握柴油机排气污染物排放的特点以及直喷式柴油机污染物的影响因素等相关基础知识，为学生继续学习相关章节打下坚实的基础。

学习目标

1. 认知目标
(1) 理解柴油机污染物的主要排放特征。
(2) 掌握直喷式柴油机污染物的影响因素。
(3) 了解非直喷式柴油机污染物的影响因素。
2. 技能目标
(1) 能够识别柴油机的气体污染物。
(2) 熟悉直喷式柴油机污染物的影响因素。
(3) 能够正确识读柴油机的排放控制措施。
3. 情感目标
(1) 自觉遵守国家相关标准。
(2) 培养一丝不苟、严肃认真的工作作风。
(3) 增强空间想象力和思维能力，提高学习兴趣。

3.1　柴油机主要排气污染物的特点

柴油机排放的主要污染物是氮氧化物、微粒、二氧化硫和碳氢化合物，此外，柴油机还产生一氧化碳、炭烟、臭氧和噪声，燃料质量对柴油机排放有重要影响，主要影响因素有燃料密度、硫含量、芳香烃含量和馏程特性。影响柴油机排放的发动机参数主要有燃烧室设计参数、空燃比、空气和燃料混合速度、燃料喷射时间、压缩比以及汽缸中混合物的温度和组成等。

3.1.1　气体污染物

柴油机由于压缩比较高，并且总是在过氧条件下燃烧，使柴油机的有害物排放呈现与汽油机不同的特点。

一台工作正常的发动机在没有净化处理之前,其有害气体排放物占排气总量的比例:汽油机约占 5%,柴油机占 1%。将三种主要有害气体进行对比:汽油机的 CO 和 HC 均比柴油机高,而柴油机的 NO_x 也略低于汽油机,见表3-1。然而柴油机微粒排放要比汽油机多得多,它对环境的污染明显,因而也最容易引起公众的指责。

相同排量的车用汽油机与柴油机的典型排放值(均未加污染控制措施) 表3-1

	汽 油 机	柴 油 机
CO	0.5% ~ 2.5%	<0.2%
HC	0.2% ~ 0.5%	<0.1%
NO_x	0.25% ~ 0.5%	<0.25%
SO_2	0.008%	<0.02%
炭烟	$0.0005g/m^3 \sim 0.05g/m^3$	$<0.25g/m^3$
铅	有	无

柴油机的主要气体污染物简述如下。

1. 一氧化碳(CO)

柴油机总的来说是在稀的混合气下运转,其平均过量空气系数 ϕa 大多数情况下在 1.5 ~ 3 之间,CO 排放量要比汽油机低得多,只有在负荷很大接近冒烟界限($\phi_a = 1.2 \sim 1.3$)时才急剧增加。但是,柴油机的特征是燃料与空气混合不均匀,燃烧空间中总有局部缺氧的地方,有温度低的地方,以及反应物在燃烧区停留时间不足以彻底完成燃烧过程产生最终产物 CO_2,造成 CO 排放。这也就是当 ϕ_a 很大时 CO 排放反而升高的原因,尤其高速运转时尤为明显。

2. 未燃碳氢化合物(HC)

柴油机排气中气体污染物还包括碳氢化合物(HC),HC 主要产生于过稀的混合气,由于缸内温度太低而来不及进行氧化反应而生成的。在全负荷(过量空气系数接近 1.3)时,HC 急剧下降,柴油机中的 HC 即使在部分负荷区也是很低的。发生在汽油机中的过稀混合气导致火焰熄灭现象,在柴油机中不存在,因为在柴油机的燃烧区域里,空燃比接近理论空燃比,是理想的燃烧条件,局部过浓的混合气,例如,喷射到壁面的油束,会由于壁面冷激效应而产生 HC,如果及时与空气混合则可以减小其影响,此外,还有一小部分未燃 HC 来自润滑油。柴油机的 HC 的最大浓度多数出现在柴油机温度低和小负荷工况时,其排放浓度和发动机多种使用因素有关,而其中影响最大的是空燃比。

3. 氮氧化物(NO_x)

与汽油机一样,柴油机也有 NO_x 排放,其汽缸最高燃烧温度对 NO_x 的生成具有较大的影响。在燃烧过程中最先燃烧的混合气量对生成 NO_x 数量具有很大的影响。因为这部分混合气随后被压缩时温度会升到较高值,从而增加 NO_x 的生成量。然后,这些燃气在膨胀行程发生膨胀,与空气或温度较低的燃气相混合,冻结已生成的 NO 量。在燃烧室中存在温度低的空气是柴油机燃烧的独特之处,这一点可以解释为何柴油机中 NO_x 成分的冻结发生得比汽油机早,为何柴油机的 NO_x 分解倾向较小。

4. 硫化物

柴油机排气中还存在一定的硫化物,如 SO_2,特别是对于船用柴油机。通常情况下,船用柴油较车用柴油具有较高的硫含量。柴油机排出的 SO_2,在空气中会缓慢转化为 SO_3,如果有氧化催化剂的作用,会快速转化为 SO_3。SO_2 是无色气体,是一种中等程度的刺激剂。SO_2 氧化生成的硫酸盐微粒会深入肺内造成长期影响。

3.1.2 颗粒物

1. 柴油机微粒排放

柴油机微粒排放是指柴油机排气时向大气环境中排出的微粒,这种微粒是指除气态物质和水以外,所有存在于接近大气条件的稀释排气中的分散物质。英国里卡多(Ricardo)研究所给柴油机微粒的定义是"柴油机排气微粒是指经过空气稀释后的排气,在低于 52 ℃ 温度下,在涂有聚四氟乙烯的玻璃纤维滤纸上沉积的除水以外的物质。"

柴油机排出的微粒物质比汽油机多得多。其中,炭烟微粒排放要比汽油机高出 30 ~ 80 倍。由于它们对环境造成的污染和对人体健康的严重影响,已经成为当今柴油机与汽油机竞争的一个重要弱点。汽油机的微粒排放主要是一些硫酸、硫酸盐以及一些低分子量的物质,如果燃用有铅汽油,排气中还会有铅化合物微粒。相对而言,柴油机的排气微粒成分要复杂得多,它是一种类石墨形式的含碳物质并凝聚和吸收了相当数量的高分子有机物。

柴油机微粒排放包括平时所说的白烟(白色蒸气云)、蓝烟(蓝色烟雾)和炭烟(黑烟),其中白烟和蓝烟具有较高的 H/C 比,是类油状物质,主要成分是未燃烧的燃油微粒;蓝烟内还有未燃烧的来自窜缸的润滑油微粒。白烟微粒直径一般在 $1.3 \mu m$ 左右,通常在冷启动和怠速工况时发生,在启动性能改善后减少。暖车后消失。蓝烟直径较小,在 $0.4 \mu m$ 以下,通常在柴油机尚未完全预热、或低温、小负荷时产生,在发动机正常运转后消失,白烟和蓝烟没有质的区别,只是由于微粒直径大小不同,经光照射后显色不同。

炭烟通常容易在大负荷运转时发生,其 H/C 比较低,炭烟中含有密度大、微粒细微的碳粒子。这些碳粒子的最小单元为片晶,片晶是约有 90 个碳原子按六方晶系排列的碳原子团。一定数量的片晶(一般 2 ~ 5 个,也有高达 20 个的)按层状堆积成多孔的微晶体。显微观察和研究发现,这些微粒的形状各不相同,在低压火焰中为链状结构,在柴油机中为球状凝解物。其大小由微粒的大约 $0.01 \mu m$ 一直到聚合物的 $10 ~ 30 \mu m$。然而在各种测定条件下,柴油机排出微粒质量的90%小于 $1 \mu m$,80%以上小于 $0.4 \mu m$,其沉降速度极慢,在大气存留时间很长,对人体危害极大。特别是这些微粒的表面积和亲合力均较大,具有可变的自由化合价,因而是很强的吸附剂,其吸附有害物质所造成的危害比碳粒子本身的危害更大。

被含碳物吸附和凝聚的有机物,包括未燃烧的燃油和润滑油成分以及不同程度的氧化和裂解产物。这些有机物质在一定温度下能够挥发,而且绝大部分可以溶解于一定有机溶剂而得到有机萃取物,这些萃取物又称可溶性有机物,它在微粒中的含量变化范围很广,可以在 9 % ~ 90 % 的范围内变化。其具体含量决定于燃油性质、发动机类型和运转工况等,实验证明,这些可溶性有机物有致突变作用,其中90%以上是致癌物。

2. 柴油车的黑炭排放

柴油车尾气排放中还包括黑炭。黑炭又称炭黑,它是一种煤、生物质或柴油燃料燃烧过程中产生的颗粒物。黑炭对于人体健康的危害早已众所周知,但是近年来,人们越来越关注其对于气候变化的影响。黑炭特别小,柴油车排放的黑炭的直径100nm左右,做个比较,你的头发的直径约为70000nm。黑炭的形状多种多样,

柴油机排气颗粒主要有三种形态:第一种是球粒形,主要是柴油机排放的初级粒子;第二种是由初级粒子形成的小的聚合体,一般为簇状、葡萄状、链状等;第三种是较大的凝聚体,一般为球状或片状,直径大的凝聚体可能是通过小聚合体间的相互碰撞并结合形成的。

据最近的研究表明,在人为温室气体排放中,黑炭的辐射强迫可能仅次于二氧化碳,比之前预想的要高得多。黑炭对全球变暖的影响作用是双重的:一方面黑炭在空气中直接吸收热量,而当落在雪地或冰面上的时候,黑炭会提高地表的漫反射系数而加速冰雪融化。因此,黑炭排放的影响在冰川或有冰雪覆盖的区域尤为严重,特别是喜马拉雅山脉和北极冰层。另一方面,与其他温室气体不同的是,黑炭在空气中存在的时间相对较短,通常只会存在几天到几周的时间。因此,减少黑炭排放是在短期内快速减轻气候变化的一种重要手段。经过一些科学家的计算,减少来自石化燃料和生物柴油的黑炭排放能够减少40%的全球变暖影响。同时,空气质量也会因黑炭排放的降低而得到改善,当然,这也更加突显了认识和限制全球黑炭排放的意义。

黑炭的来源可分为自然源和人为源两种。自然源排放如火山爆发、森林大火等具有区域性和偶然性,而人为源排放却是长期和持续的。人为源主要来自生产、生活中的生物燃料燃烧、居民使用传统技术燃煤、工业、交通以及道路扬尘。目前,传统技术的电力、钢铁、水泥、有色金属、造纸、制革、印染等行业的落后的技术已经淘汰或者更新,但是交通领域中的柴油车黑炭的排放量依然很高。

黑炭对于人体健康的危害早已众所周知,它的存在严重地恶化了大气环境,危害人体健康,引发呼吸系统、心血管、癌症等疾病。尽管颗粒物不是环境空气中的主要成分,但它是空气中普遍存在又无恒定化学组分的聚集体。柴油车直接和间接排放的颗粒物的粒径都很小。这些细小的颗粒物其本身就是有害物质,而那些致癌、致畸、致突变的物质上面可以附着在颗粒物上面,有毒有害物质随着呼吸进入人体肺部,对人体健康的威胁非常大,特别是对老人、儿童和患有心肺功能疾病的人。粒径大的黑炭粒子易被呼吸道阻留,部分由咳嗽、吐痰等排出体外,但会对局部黏膜产生刺激作用,可引起慢性鼻炎、咽喉炎等疾病。而小的黑炭粒子可直接进入肺部使人致病,特别是$0.01\sim0.1\mu m$粒径的粒子有50%会沉积在肺中造成肺部硬化,对人体健康造成极大的威胁。细颗粒可以通过呼吸系统直接进入人体,其中有毒有害物质可以被血液和人体组织吸收,对人体健康造成危害,导致的常见疾病包括:上呼吸道感染、哮喘、结膜炎、支气管炎、眼部和咽喉肿痛、咳嗽、鼻炎、皮疹以及心血管紊乱等。在过去的十年里,世界各地的众多研究表明,随着人们靠近道路的时间增多,呼吸系统的发病率上升,同时死亡率上升。

中国的黑炭排放大约占全球排放的30%,这主要是因为煤和生物燃料燃烧量的增加。然而,目前针对中国黑炭排放的专题研究却非常有限,政策制订者对于这一问题的重要性及

影响和控制还欠缺足够的认识。目前,迫切需要进行进一步的中国黑炭排放研究,了解其对城市空气质量和全球气候变化的影响。

由于黑炭排放存在着气候变化及城市空气质量的双重影响,为了推动我国各地环保部门和公众对黑炭的认识,宣传国际上对黑炭研究的最新进展,促进地方环保部门了解机动车颗粒/黑炭排放控制的专业知识,"国家道路交通源黑炭排放清单建立"项目组在广泛文献研究和专家咨询的基础上,编写了"黑炭,你了解吗?"的宣传手册准备出版和传发,以扩大人民群众和相关管理部门熟悉和了解黑炭的相关知识。

3. 机动车活动水平状况现状

机动车行驶工况是指机动车在实际道路上的行驶模式,主要包括怠速、加速、匀速和减速等工况。机动车行驶工况反映了车辆在道路上行驶时的工作状态,它与排放状态直接对应。行驶工况的建立都是以大样本的实际道路工况调查为基础,通过数据处理和解析,得到能够代表整体样本特征的工况片段。行驶工况是车辆或发动机在试验室进行排放性能测试时所依照的驾驶模式,主要分为瞬态工况和模态工况,瞬态工况以美国环保署 FTP-75 工况为代表,模态工况以欧盟 NEDC 工况为代表。目前,我国采用欧盟的 NEDC 工况进行新车认证排放检测。

3.2 直接喷射式柴油机的排气污染和主要影响因素

直接喷射式和非直接喷射式柴油机的燃烧过程与排放物的产生,大部分机理是相同的,因此,在分析柴油机有害物的形成机理和影响因素时,可以运用直接喷射式柴油机为例进行说明。

3.2.1 直接喷射式柴油机的主要污染物

柴油机燃烧过程中形成的有害排放物,在汽缸内部和排气系统中,还有一个继续演变过程,一般来说,氮氧化物还有一个再形成过程,而不完全氧化产物还有一个继续氧化过程。再形成和消除的反应速度与混合气(包括局部)的浓度、局部温度和滞留时间等因素有关。

柴油机在压缩过程中,当活塞接近上止点前,燃料在高压下高速喷入高温、高压的空气中。喷入汽缸内部的油束,又称喷注,是由数以百计的不同尺寸的细微油滴组成的,油滴直径为 $5 \sim 150\mu m$。在静止的空气当中,喷注的外形呈焰体状,其特征由锥角和射程(又称穿透距离)两个参数表示。喷注心部的油粒粗,速度高,越向外层,油粒越细,速度越低,在喷注的最外层和前端几乎为蒸气状。

在车用直接喷射柴油机汽缸内,如果有较强的旋转气流运动,当燃料喷入汽缸以后,就会形成燃油喷注如图 3-1 所示,喷注断面内燃料(液态或蒸气状)在空气中的浓度分布。细小的油滴被空气带往喷注前缘,较粗大的油滴集中在喷注的心部和后缘。油滴间的平均距离随其在喷注中所处的位置而变化。因此,喷注中各处燃油在空气中的分布非常不均匀,由图 3-1 中可以看出,喷注中燃油在空气中的分布状态,它是随离喷嘴孔的径向距离变化。

按喷注在空气中的空间分布和燃烧进展情况,可以将喷注分为若干区域,它们是稀火焰区、稀熄火区、喷注心部、喷注尾部、后喷射和积聚在壁面上的燃油。下面将分别介绍各区燃烧过程的特点和有害物质在燃烧过程中的形成情况。

1. 稀火焰区

在喷注心部和前缘之间空气中蒸气浓度是不均匀的,局部的空燃比可以从零变化到无穷大,在混合气浓度及温度最适于自燃的若干处形成着火核心,柴油机喷注燃烧的摄影研究表明在前缘(下风)附近开始着火,如图3-2所示,一旦着火开始,独立的无光小火焰前锋将从着火核心开始传播,并点燃其周围的可燃混合气。

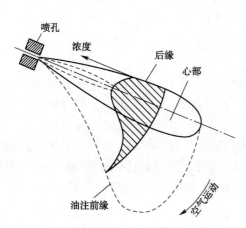

图 3-1　喷入旋转气流的燃油喷注示意图

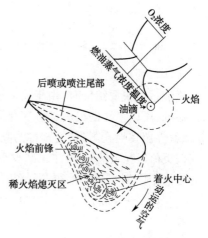

图 3-2　喷入旋转气流的燃油喷注燃烧机理

这些混合气按平均浓度看比理论混合气稀薄,但着火核心将在这些混合气浓度及温度最适宜于自燃的区域形成,因而这些火焰核心发生的区域称为稀火焰区。在该区燃烧进行的比较完全,在局部氧浓度较高的区域会生成氮氧化物。但在极轻负荷下,在燃烧过程早期,由于温度不够高,生成的氮氧化物浓度不高。

2. 稀熄火区

在喷注前缘(下风)最外层,由于混合气太稀不能着火或维持燃烧,所以称其为稀熄火区。在该区域,估计会有某些燃油受热分解并形成部分氧化产物。分解产物是由较轻的烃分子构成,不完全氧化产物中可能含有醛类和其他氧化产物。一般认为该区是柴油机排放中未燃烃的主要来源之一。

稀熄火区的厚度取决于燃烧时燃烧室中的温度、压力、空气涡流、燃料性质等因素。一般来说,较高的温度和压力可使火焰延伸到较稀的混合气,而减少稀火焰区的厚度。在喷注其余部分燃烧时,温度和压力增加。这样由于燃烧仍在进行,汽缸内压力和温度时刻变化,因此稀熄火区的厚度也在变化。其他影响稀火焰区厚度的因素还有空燃比、涡轮增压、冷却液温度等。

3. 喷注心部

在稀火焰区着火和燃烧后,火焰向喷注心部传播,在稀火焰区和喷注心部之间,油滴较大。它们从已形成的火焰获得辐射热,并以较高的速度蒸发,温度的升高使分子扩散能

55

力增加,因而还可以提高蒸发扩散并与空气混合的速率。这些油滴可以全部或部分蒸发。

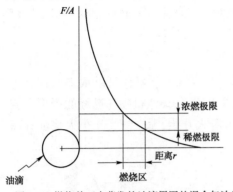

图3-3 燃烧前正在蒸发的油滴周围的混合气浓度

如果全部蒸发,火焰将烧掉燃烧界限以内的所有混合气;没有完全蒸发的油滴将被扩散型火焰包围,如图 3-3 所示。这些油滴的燃烧速度取决于燃油蒸发速度、燃料蒸气对火焰的扩散速率以及氧对火焰的扩散速率等很多因素。喷注心部的燃烧主要取决于局部的空燃比。在部分负荷下,心部含氧量适中,燃烧进行得比较完全,产生的 NO_x 较多。火焰温度取决于油滴燃烧开始前的温度和燃烧放热量,火焰区温度是影响 NO_x 形成的最重要因素之一。

4. 喷注尾部

在喷油过程快要结束时,由于喷油压力下降和汽缸内压力上升,燃油是在较小的压差下喷入汽缸的,所以喷注的最后部分雾化质量很差,往往形成粗大的油滴。这部分燃油射程很短,并且就停留在喷孔附近,通常称为喷注尾部。

在大负荷工况条件下,喷注尾部没有机会进入氧浓度适宜的区域。但是当这部分燃油喷入汽缸时,周围气体温度已经很高(接近燃烧过程最高温度),并且对这些油滴的传热速率也是相当高的,因此这些油滴很容易蒸发和分解,产生未燃 HC、炭烟、不完全氧化产物 CO 和醛类。

5. 后喷射

在某些工况下,在喷射结束后,由于高压油管内压力波反射,喷针又重新开启,并流出少量燃油,这种现象称为后喷射,又称为二次喷射。后喷射所喷出的油量与主喷油量相比是很少的,但它是在膨胀过程中在较小的压差下喷入汽缸的,其贯穿度极小,雾化质量极差,因此很难燃烧,其情况与喷注尾部相似,这些油很快蒸发、分解,并形成 HC 和炭烟。

6. 沉积在壁面上的燃油

某些情况下燃油喷射在燃烧室壁面上,形成液态油膜。在缸径小的高速柴油机上,由于较短的喷射路程和有限的喷注数,容易出现这种情况,油膜蒸发速度取决于很多因素,包括气体的温度和压力、室壁温度、气体流动速度、燃料性质等。一般来说,室壁温度低于燃料中某些重馏分完全蒸发的温度,而且油膜的单位质量蒸发表面积往往比液滴小,所以油膜的蒸发速度总比液滴慢。可以认为油膜是最后蒸发的燃料部分,它的燃烧取决于其蒸发速度和燃料蒸气与氧的混合速度。如果周围气体中氧的浓度太低,或者混合的速度不够时,从油膜蒸发的燃料气将被分解,并产生未燃 HC、不完全氧化产物和炭烟。

3.2.2 直接喷射式柴油机污染物的主要影响因素

1. HC 的生成和主要影响因素

(1) 负荷(空燃比)

柴油机功率调节方式采用的是质调节,在转速不变时,可以认为每循环进入汽缸的空气量基本不变,通过控制循环喷油量的大小实现负荷的调节。这就使得喷注中燃油的分布、沉积在壁面上的油量、汽缸内部气体压力、温度以及喷油持续时间等均发生变化。一般来说，随着发动机负荷的增加，空燃比减小，燃油喷注中过稀不着火区中的燃油量减少，而喷注心部和沉积于壁面上的燃油量增多。当负荷增大时，如果喷油定时和喷油速率保持不变，将使喷油持续期增长，通常最后喷入汽缸中的这部分燃油反应时间较短，加上空燃比的减小使氧的浓度降低，这两个因素均促使 HC 的消除反应减弱。但是负荷增大会引起最高燃烧温度升高，不仅增强了消除反应，还促进了碳氢化合物的再氧化。

在极小负荷或怠速工况下，空燃比很大，可以认为燃油喷注不能喷到壁面上，在喷注心部的燃料浓度也较低，此时碳氢化合物排放量的主要来源是过稀不着火区。这是由于喷注其余部分的燃烧使该区局部温度的上升量很小，因而消除反应的速率就很慢，当燃油分子扩散到包围该区的空气中时，由于其可燃混合气的浓度很低，使消除反应进一步减弱，因此在怠速工况下，在该区域内形成的碳氢化合物的排放浓度是最高的。

在部分负荷时，空燃比减小，会使更多的燃油沉积在壁面上，并且喷注心部的浓度也较高，于是在这些区域形成的碳氢化合物就随之增加。但是由于在混合气中有足够的氧，因此随着温度的升高，氧化反应有所加快，结果使碳氢化合物的排放量减少。

在大负荷与全负荷工况下，空燃比进一步减少，导致在喷注中心形成较多的碳氢化合物，这时过稀不着火区对总排放量的影响很小，碳氢化合物随空燃比（负荷）变化而变化的关系如图 3-4 所示。

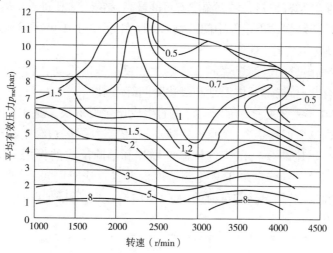

图 3-4　直喷柴油机负荷对 HC 排放的影响［图中数据单位：$g/(kW \cdot h)$］

（2）废气涡轮增压

在任何空燃比条件下，废气涡轮增压不仅对喷注的形成有影响，还使整个循环的平均气体温度升高，从而使排出的碳氢化合物浓度在相同的氧浓度下有所下降。这是因为循环平均温度的增加可以加快氧化反应速率，这种作用又被排气歧管和涡轮增压器内的再氧化反应加强。因此，废气涡轮增压能降低碳氢化合物的排放浓度，这一点对直接喷射和间接喷射柴油机的影响都一样。

（3）喷油时刻

喷油提前角增大，会使碳氢化合物排放量稍有增加。其中一个原因是喷油提前时，发火延迟期加长,可使较多的燃油蒸气和小油滴被旋转气流带走,从而产生一个较宽范围的过稀不着火区;另一个原因则是碰撞在壁面上的燃油增多。

(4)涡流的影响

适当加强直接喷射柴油机的涡流,可使汽缸内部的混合过程和HC的氧化过程同时得到改善,但是过强的涡流将会产生一个较宽的过稀不着火区或使喷注相互重叠,结果使碳氢化合物排放量增加。

直接喷射柴油机的涡流可以通过改变活塞顶部凹坑直径与其深度之比来改变,由动量矩守恒可知,深坑活塞具有比浅坑活塞更强的涡流。根据实验结果表明,深坑活塞的HC排放量比浅坑型活塞的HC排放量多。

2. 一氧化碳(CO)的生成和主要影响因素

CO是烃类燃料在中间燃烧阶段生成的一种化合物,当燃烧进行得比较完全时,通过CO和不同氧化剂之间的氧化反应,已经生成的CO能够继续氧化成CO_2,如果这些氧化反应缺少氧化剂、温度低或滞留时间短等原因而导致燃烧不完全时,则CO将由排气系统直接排到大气中,造成污染。

在直接喷射柴油机的燃烧过程中,CO的生成和消失过程比较复杂。在燃烧早期,据认为CO是在过稀不着火区与稀火焰区的边界上形成的。开始时由于局部温度不够高,CO氧化成CO_2的很少,以后随着燃烧的进行,局部温度有可能升高,结果使CO进一步氧化成CO_2。

在稀火焰区,即使燃烧过程中有中间产物CO存在,但是由于该区的氧浓度和温度都有利于CO的消除反应,不会有CO留下。

喷注中心和壁面附近的燃油燃烧时,CO的生成反应速度很高,随后的消除反应则取决于局部氧浓度、混合状况、局部气体温度和氧化时间等因素。

由于CO是燃料不完全燃烧时的产物,它的生成量主要取决于柴油机的负荷。在小负荷条件下,因为缸内气体温度不高,氧化作用减弱,过稀不着火区边缘附近形成的CO较多。当负荷增大时(或空燃比减少),由于气体温度增加和消除反应的作用,使CO的排放量减少。但空燃比降到某一限度时,由于氧化剂浓度低并且反应时间短,尽管此时温度有所增加,也可能削弱消除反应,结果随着负荷的增加,CO排放量有所增加。直接喷射柴油机空燃比对CO的影响如图3-5所示。

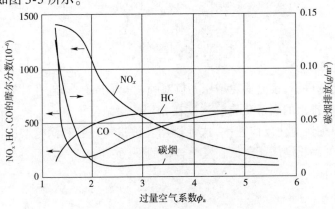

图3-5　直接喷射柴油机空燃比对CO排放的影响

当研究涡流强度对 CO 生成量的影响时,发现最佳的经济性和最少的 CO 排放量是在同样的最佳涡流条件下出现的,这是因为良好的混合使消除反应得到改善的缘故。

3.氮氧化物(NO)的生成和主要影响因素

汽油机燃烧过程中 NO 生成的三个条件,同样适用于柴油机,因此柴油机中 NO 的生成浓度主要取决于局部的氧分子浓度、最高燃烧温度和高温持续时间。

在柴油机压缩行程过程中,即使在高增压条件下,所达到的温度也不够高,所以不会形成 NO。

实验研究表明,NO 的排放浓度在采用略稀的混合气时达到最大值,大部分的 NO 是在火焰后的反应中形成的,因此稀火焰区很可能是促进 NO 形成的主要区域之一。虽然该区域同喷注中的其他区域相比,NO 的形成速率在开始时较低,但是由于它是喷注中最先开始燃烧的部分,并在火焰通过以后有很长的滞留时间,所以最终达到的浓度要高得多。

在过稀不着火区,燃烧早期不能形成 NO,但是如果提高该区温度,则在喷注其余部分燃烧后,在循环后期也可能生成部分 NO。

在喷注心部和沉积在汽缸壁面上的燃油,由于燃烧后所造成的温度上升,可以通过两种途径促进 NO 的形成:一是它使汽缸中的平均温度升高,结果是过稀不着火区和稀火焰区的 NO 浓度增加;二是它使喷注中心部分有很高的火焰温度。喷注心部形成的 NO 还受其局部氧浓度的影响,在同样的喷油量时,如果采用多孔喷嘴,则喷注心部氧的浓度有所增加,从而使其形成的 NO 随之升高。

通过实验还发现,柴油机与汽油机一样,当汽缸内气体温度在膨胀行程中降低时,NO 的浓度并不减少到该温度下的平衡浓度,也就是说,在膨胀行程中 NO 的消除反应是非常缓慢的,这样 NO 的浓度在膨胀行程中几乎保持不变。

(1)空燃比(负荷)的影响

空燃比对 NO 排放的影响如图 3-6 所示。随着空燃比的减少,NO 排放浓度增加,中间达到最大值,之后再降低空燃比,NO 浓度却有所下降。

一般认为,在大多数空燃比情况下,燃烧温度越高,NO 的浓度越高,此时起决定性作用的因素是温度。但是当空燃比降到某一个最小值时,由于氧浓度降低,可能会使 NO 的浓度不增加反而降低,其原因是此时氧的浓度起了决定性的作用。NO 浓度最高点的空燃比,随着柴油机燃烧室的种类和喷油定时不同。在增压柴油机上,装有增压器后进气温度的上升影响超过了增压器稀释 NO 的作用,因此使得 NO 的浓度有所增加,但是当采用中冷器后,情况会有所变化。

(2)转速

转速对 NO 浓度的影响如图 3-7 所示。直接喷射柴油机在某一中等转速运转时,NO 排放浓度最大;预燃式和涡流式的柴油机,转速提高时 NO 的浓度稍有提高。

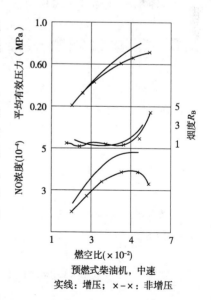

图 3-6　空燃比对柴油机 NO 排放的影响
注:图中燃空比为空燃比的倒数。

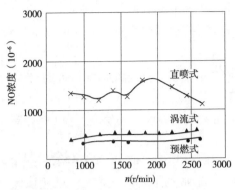

图 3-7　转速对柴油机 NO 排放的影响

其他因素如进气温度、压力等对 NO 排放浓度都有较大影响。随着进气温度的升高,NO 排放将逐渐升高,这是由于压缩温度升高引起的局部反应。温度升高,对 NO 的形成起了促进作用。因此在高增压柴油机中,采用中冷器使进气温度尽可能降低,也可以获得较好的净化效果。

随着进气压力的提高,NO 排放浓度减少,原因是在供油量一定的情况下,提高进气压力,相当于提高空燃比,使燃气温度降低,对 NO 的生成起抑制作用,这说明在一般情况下,采用增压技术,对于降低 NO 排放是有益的。

（3）供油定时的影响

推迟喷油定时是减少 NO 排放浓度的有效措施,它在目前的直接喷射柴油机中得到了较广泛的应用。主要原因是当喷油提前时,燃料将在较低的压力与温度下喷入,会使发火延迟期延长,但是发火延迟期的延长,若以曲轴转角计,要比喷油提前的角度小,因此在循环中自燃发火还是较早。这样就有较多燃料在循环早期燃烧,从而产生较高的燃烧温度,结果使 NO 排放浓度增加。但是喷油延迟必将引起柴油机烟度增加,功率降低,造成动力性与经济性的损失。

进气涡流速度对 NO 排放浓度的影响也比较大,随着进气涡流速度的增加,NO 排放浓度随之增加。这是由于燃料与空气的混合气形成有所改善,使反应速度加快,因而造成局部高温促使 NO 形成的缘故。燃料的十六烷值对 NO 排放也有较大的影响,十六烷值低的柴油,发火延迟期较长,使燃烧开始时,在稀火焰区有较多的燃油在循环早期燃烧,从而产生较高的气体温度,使稀火焰区形成较多的 NO。

3.3　非直接喷射式柴油机的排气污染和主要影响因素

非直接喷射式柴油机就是通常所说的分隔式燃烧室柴油机,按燃烧室结构区分,可以分为涡流室和预燃室两种形式。涡流室式柴油机在压缩过程中可以使汽缸内的空气经通道流入涡流室形成强烈的有组织的压缩涡流,为燃油在涡流室内与空气混合、燃烧创造了良好的条件;随后这部分混合气在燃烧过程中以较高的压力喷入主燃烧室,并在该处形成二次涡流,以促进主燃烧室内空气的充分利用。这种燃烧室的涡流强度虽然因燃烧室形状的不同而有所差异,但是总的来说属于强涡流型。预燃室式柴油机可使部分燃油在预燃室内预先燃烧,造成压力升高,为燃烧产物和未燃燃油高速喷入主燃烧室形成燃烧涡流提供了能量,从而为混合气在主燃烧室内的进一步混合与燃烧创造有利条件。

3.3.1　非直接喷射式柴油机的主要污染物

由于非直接喷射柴油机的混合气形成和燃烧是分两个阶段进行的,其有害物质的形成也分为两个阶段。其中,第一个阶段在副燃烧室内燃烧时生成,第二个阶段在主燃烧室中继续燃烧时和燃烧后生成。

副燃烧室容积一般为主燃烧室容积的 1/3 ~ 2/3,在喷油开始和燃烧初期,由于室内的燃空比很大,燃油不能也来不及完全燃烧,除一部分形成不完全燃烧产物(如 CO)外,另一部分还是未燃的烃类燃油;尽管副燃烧室内所出现的高温高压状态有助于 NO 生成,但是因为缺氧,实际产生的 NO 并不多。

当副燃烧室内的燃油和燃烧产物冲入主燃烧室后,情况发生了很大变化。由于主燃烧室氧气充分,又有良好的混合和燃烧条件,促进了 CO 的氧化反应,加速了未燃烃的燃烧。然而由于非直接喷射燃烧室面容比较高,散热面积较大,在燃气进入较冷的主燃烧室后温度有所下降,再与主燃烧室内的低温空气混合后,气体的温度就更低,这就使得 NO 的生成反应受到抑制,这是非直接喷射燃烧室的 NO_x 排放较低的主要原因。

3.3.2　非直接喷射式柴油机污染物的主要影响因素

当非直接喷射式柴油机在部分负荷下使用时,加大负荷运转时,循环后期喷入的燃油增多,必然会使副燃烧室中的氧浓度相对减少,因此在副燃烧室中最后喷入的这部分燃油的燃烧程度减少,于是可以认为在副燃烧室中,未燃烃和 CO 形成量随负荷的增大而增加,但是由于在膨胀行程时汽缸内部温度也较高,使主燃烧室中的氧化速率也同样加快,最终使排气中 CO 和 HC 排放量降低,然而在小负荷工作条件下,随着负荷的增加,由于燃烧室内的气体温度升高,因此 NO 排放量增加。

当负荷增大到冒烟极限时,情况发生变化,这时虽然主燃烧室中可以达到很高的温度,但氧浓度已经开始降低并且滞留时间较短,氧化速率受到限制,不足以消除来自副燃烧室的大量 CO 和 HC。由于这些原因,在接近冒烟极限的负荷工作时,柴油机的 CO 和 HC 排放量可能有所增大,而 NO 排放降低。

在燃烧室结构确定的条件下,非直接喷射柴油机的有害排放物主要取决于主、副燃烧室容积比、主、副燃烧室之间通道面积、燃油喷注与通道面积、燃油喷注与通道的相对位置以及燃空比等,并与负荷、转速等的变化有关。

3.4　柴油机微粒排放

3.4.1　微粒的生成机理

经理论研究发现,汽油等轻质燃料的汽化纯粹是一个物理过程,而柴油等重质燃料的汽化就包含有化学分裂(即裂解分馏)过程,这就是为什么汽油机炭烟排放很少而柴油机炭烟排放多的一个根本原因。虽然有关柴油机炭烟的生成机理还没有一个统一的理论解释,但一般的解释都认为柴油机炭烟微粒也是不完全燃烧的产物,是燃料在高温缺氧条件下经过脱氢裂解产生的。

炭烟生成的条件是高温和缺氧,由于柴油机混合气极不均匀,尽管总体是富氧燃烧,但局部的缺氧还是会导致炭烟的生成。一般认为炭烟形成的过程如下：燃油中的烃分子在高温缺氧的条件下发生部分氧化和热裂解，生成各种不饱和烃类，如乙烯、乙炔及其较高的同系物和多环芳香烃，它们不断脱氢、聚合成以碳为主的直径 2nm 左右的炭烟核心。气相的烃和其他物质在这个炭烟核心表面凝聚，以及炭烟核心互相碰撞发生凝聚，使炭烟核心增大，成为直径为 20～30nm 的炭烟基元。最后，炭烟基元经过聚集作用堆积成直径 $1\mu m$ 以下的球团或链状聚集物，如图 3-8 所示。

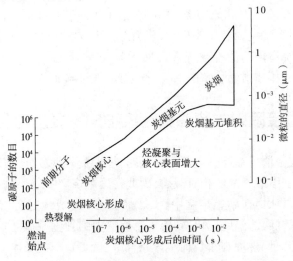

图 3-8　炭烟形成过程

图 3-9 是柴油机炭烟生成的温度和过量空气系数 ϕ_a 条件，以及柴油机上止点附近各种 ϕ_a 的混合气在燃烧前后的温度。可见 $\phi_a < 0.5$ 的混合气，燃烧后必定会产生炭烟。在图 3-9 右上角上也标出了在各种温度和 ϕ_a 下燃烧 0.5ms 后的 ϕ_{NO_x}。要使燃烧后炭烟和 NO_x 很少，混合气的 ϕ_a 应在 0.6～0.9 之间，空气过多则 NO_x 增加，空气过少则炭烟增加。

柴油机混合气在预混合燃烧中的状态变化见图 3-9 上的箭头方向。在预混合燃烧中，由于燃油分布不均匀，既生成炭烟，也生成 NO_x，只有很少部分燃油在 $\phi_a = 0.6～0.9$ 时不产生炭烟和 NO_x。所以，为降低柴油机污染物排放，应缩短滞燃期和控制滞燃期内的喷油量，尽可能多地使混合气的 ϕ_a 控制在 0.6～0.9。

扩散燃烧中的混合气的状态变化见图 3-9 上的箭头方向，曲线上的数字表示燃油进入汽缸时所直接接触的缸内混合气的 ϕ_a。由图 3-9 可以看出，喷入 $\phi_a < 4.0$ 的混合气区的燃油都会生成炭烟。在温度低于炭烟生成温度的过浓混合气中，将生成不完全燃烧的液态 HC。为减少扩散燃烧中生成的炭烟，应避免燃油与高温缺氧的燃气混合，强烈的气流运动及燃油的高压喷射都有助于燃油与空气的混合。喷油结束后，燃气和空气进一步混合，其状态变化见图 3-9 上的虚线箭头。

在燃烧过程中，已生成的炭烟同时被氧化，图 3-9 的右上角表示了直径 $0.04\mu m$ 的炭烟粒子在各种温度和 ϕ_a 条件下被完全氧化所需要的时间 τ。可见这种炭烟在 0.4～1.0ms 被氧化的条件与图 3-9 右上角表示的大量生成 NO_x 的条件基本相同。由此可见，加速炭烟氧化的措施，往往同时会带来 NO_x 的增加。因此，为了能同时降低 NO_x 的排放，控制炭烟排放应着重控制炭烟的生成。

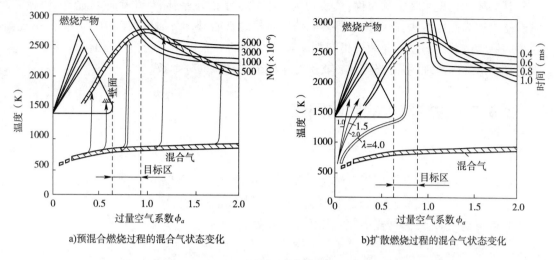

a)预混合燃烧过程的混合气状态变化　　　　b)扩散燃烧过程的混合气状态变化

图3-9　柴油机燃烧中生成炭烟和 NO_x 的温度以及过量空气系数条件

3.4.2　微粒的理化特性

微粒的两大主要组分是炭烟和可溶性有机物。炭烟是柴油机排放微粒的主要组成部分,通常称为干炭烟。它主要是由柴油中的含有的碳产生,其生成条件是高温和缺氧。由于汽缸内混合气不均匀,在高温燃烧时,尽管总体来说是富氧燃烧,但是局部的缺氧依然会导致燃油不完全燃烧,直接高温裂解形成初始碳微粒。这一类最原始的碳微粒聚积而成聚集体并吸附气相溶胶,最终以链状或团絮状的聚集物出现。随后在上止点后$10℃\sim20℃CA$之后大部分被氧化燃烧排放的炭烟量是生成量与氧化量之差。可溶有机物主要来源于未燃的柴油、润滑油及燃料燃烧过程中的中间产物。可溶性有机物是极为复杂的有机物的混合体,主要包括正烷烃和异烷烃,还有部分萘、菲等多环芳烃以及少量的脂类和烯烃。这一部分有机物主要是来自未燃烧燃油中的重馏分、已经热解但未燃烧消耗的不完全燃烧产物以及由于活塞环泵油作用进入燃烧室的润滑油组分。

金属无机物也是柴油机排放颗粒物的组分之一。润滑油中金属添加剂比较多,同时发动机运转过程中零部件高速摩擦,而摩擦的金属屑也会通过润滑油进入汽缸燃烧室,这也是金属无机物的两个主要来源。

柴油机颗粒是由多个基本碳粒子组成的聚集体,聚积的碳粒子大小不一,相互结合组成的方式也规律各异,不同的碳粒子按随机的方式组合成长,称为颗粒物的微观形貌。对于每一个基本碳粒子,碳层内部边缘层长度不一、排序不同,碳层之间的距离也服从一定统计规律,这种单个碳粒子内部的结构关系称为微粒的微观结构。温度与时间以及润滑油基础油的泵入燃烧室情况等条件的不同,即颗粒物生成的条件发生变化,颗粒物的微观形貌与结构也会相应产生变化。本章针对实验所做的工况,分析不同基础油在不同转速或负载下对颗粒物微观形貌与结构的影响,同时,分析相同转速、相同负载下,不同基础油对颗粒物微观形貌与结构的影响。

从整体的角度来观察颗粒物,其表现为一群碳粒子的聚集体;从单个碳粒子个体分析,碳粒子表现为晶体结构,高倍镜下晶体的分层结构非常明显。柴油机颗粒物以聚集体呈现,主要表示为链状结构。不同的聚集态颗粒物所呈现的分布规律不同,有自相似分形结构特性。单个碳粒子呈现的晶体分层结构,围绕中间的晶体核向外生长。

3.4.3 微粒排放的影响因素

1. 燃料

燃料的十六烷值较高时,具有较大的冒烟倾向,是由于十六烷值高的燃料,稳定性较差,在燃烧过程中易于裂解,使炭烟的形成速率较高。但是通过过分降低十六烷值来降低微粒排放是得不偿失的,因为这样会使柴油机工作粗暴。

2. 供油系统

在直接喷射柴油机中,当其他参数保持不变时,提前喷油或者非常迟后喷油,均可以降低微粒排放。原因是喷油提前时发火延迟期延长,因此燃料发火前的喷油量较多,循环温度升高,燃烧过程结束较早,有利于降低微粒排放,但是喷油提前时,一般会导致产生较高的燃烧噪声,使机械负荷与热负荷加大,NO 排放增加。

非常迟后的喷油时间可以使微粒排放下降,原因可能是这种喷油定时,发生在最小的发火延迟期之后,扩散火焰大部分发生在膨胀行程中,火焰温度较低,致使在这样的时刻喷入的燃油,燃烧后形成炭烟的速率降低。

综上所述,喷油过程早结束,可以改善排气微粒,因此采用较高的初始喷油速率,对于进一步减少微粒排放是非常有效的。

提高喷油压力,采用多孔喷嘴,减小喷孔直径,加大气流运动,有助于燃油和空气的空间混合,既可以改善燃烧状况,又可以有效降低微粒排放,但会使 NO_x 的生成量增加。

喷嘴的结构对微粒的影响也是很大的,实验表明,增大喷孔直径会使雾化质量变坏,排气冒烟增大,但是当喷孔长度与直径之比超过某一极限后,也可能使微粒排放增多。

3.5 柴油机排放控制

3.5.1 NO_x 的控制

柴油机排放产物中的 HC、CO 含量较低,一般为汽油机的十分之一,NO_x 排放量与汽油机大致处于同一数量级,控制 NO_x 排放的措施主要有机内净化技术和后处理。机内净化一般可以通过改善燃烧过程,减少有害气体的产生。机内净化方法主要有推迟喷油、优化喷油规律、排气再循环、加强进气涡流、采用分隔燃烧室等。后处理技术主要是:选择性催化还原(SCR)转换器。选择性催化还原(SCR)转换器是被普遍认为将得到推广以满足重型柴油机排放标准的 NO_x(NO_x)净化技术,SCR 所用还原剂包括有烃基类和氨基类,而由于尿素($CO(NH_2)_2$)作为氨(NH_3)的载体的良好性能和便利性,现在多采用车用尿素溶液喷入排气管路,经过催化剂最终将排气中的NO_x还原为氮气和水。SCR催化转换器中发生的还原反应包括有快速SCR反应、慢速SCR反应和标准SCR反应以及其他一些副反应。

标准SCR反应通常在300~400°C区间内反应速率较高,而在300°C以下反应速率较低。标准SCR反应中氨气与NO的摩尔比例为1:1,这也是SCR反应中最常发生的反应方式,因为柴油机排气的NO_x大部分以NO为主,一般一氧化氮与二氧化氮的比例在10:1以上,所以,一般在应用过程中,比如尿素喷射计量策略的制定,或者是仿真计算时多近似认为SCR反应为标准SCR反应。

当柴油机排气二氧化氮比例提高时,SCR反应的速率会提高,这是因为快速SCR反应(1.4)占主导地位,当一氧化氮与二氧化氮比例在1:1时SCR反应速率最高,如果二氧化氮比例继续增加,SCR反应速率又会下降。原因是因为此时慢速SCR反应(1.5)占主导地位。

除了上述三个反应之外,SCR系统当中还可能会产生一些不想发生的反应,尤其是当柴油机排气温度过低或过高的时候。这些副反应会造成SCR系统的NO_x转化率降低或是SCR催化剂失活。

在氨气与NO_x反应之前,还有一个非常重要的尿素水解热解过程。在理想情况下,尿素溶液蒸发脱水后热解水解为氨和二氧化碳,这一过程也被看作是影响尿素SCR系统效果的重要因素,热解过程一般发生在尿素溶液喷入的排气管路当中,尿素与温度较高的排气接触立刻发生热解反应。热解反应一般认为发生在140°C以上,而水解反应则在190°C以上,其中在SCR催化剂前端一般还会有利于水解的催化剂涂层,因此水解过程主要发生在SCR催化器前端,需要利于水解的催化剂涂层才可以获得较高的水解效率,这样才能获得更多的氨气来参与后续的还原反应。但是在温度低于300°C时,尿素难以完全转化为氨,如果尿素溶液的蒸发及转化为氨的过程不够充分或不够迅速,那么就有可能在发动机排放系统中形成未分解的尿素以及其他副反应所形成的物质所积聚而成的沉积物。沉积物可能出现在喷嘴附近、排气管壁、混合器表面,甚至催化剂表面,目前在装有SCR的国Ⅳ柴油车实际运行当中,排气管中也发现有沉积物,甚至堵塞排气管,影响发动机的正常工作。为了避免或减少沉积物的形成,就需要弄清楚沉积物生成的原因,而了解沉积物的成分组成并依据其物理形成条件,有助于分析沉积物的形成原因。

关于尿素SCR排放特性,影响SCR降低NO_x的影响因素,包括尿素SCR的喷射策略研究等在国内外非常多,目前,尿素SCR系统应用广泛,开发技术也都比较成熟。

满足欧V标准的重型柴油车进行的车载排放实验结果表明:只有在车速高于70km/h时,这些柴油车的实际NO_x比排放才能满足欧V排放标准。而且当环境温度低于−11°C时,车用尿素溶液会结冰,因此需要在尿素溶液罐当中加装专用加热装置,来保证SCR尿素系统在温度较低的冬季环境下保证正常工作。但柴油机尿素SCR系统由于尿素的分解不完全以及管路布置不合理等原因,导致某种沉积物堵塞排气管路或尿素喷嘴,导致发动机排气背压增加,SCR系统工作不正常,发动机功率下降,油耗升高的事件在国内外也常有报道。

我国一些主要的柴油机制造厂家(如潍柴、玉柴等)均在尿素SCR技术的基础上开发出了可以满足最新排放标准的车用重型柴油机。

3.5.2 PM 的控制

柴油机造成污染物排放的根本原因在于燃油与空气混合不好。柴油机运转时的平均过量空气系数 ϕ_a，即使在全负荷时一般也都在 1.3 以上，在通常负荷下一般在 2.0 以上。在这样的 ϕ_a 下，如果达到理想的混合，炭烟是不可能生成的。但在实际柴油机中，由于燃油与空气混合不均匀造成局部缺氧，使大量炭烟生成。

1. PM 机内净化技术

降低柴油机排放中 PM 生成核心是减少 PM 中干炭烟的生成，而其生成条件为燃料在高温下严重缺氧，因此，PM 控制的机内净化的出发点就是改善柴油机中油气混合的均匀性。柴油机 PM 排放的机内净化方法可总结如下。

（1）燃油喷射系统的改进和优化

提高喷射压力以减小油雾平均粒径，加大油气接触面积。加强油气混合不仅能够减少微粒的排放量，更重要的是加快了后期燃烧速度，使调整预混合燃烧和扩散燃烧的余地更大，有利于解决 NO_x 和微粒之间的矛盾。提高燃油的喷射压力，增多喷油嘴孔数，减小喷孔直径，适当增加喷油提前角都可以明显降低微粒的排放量。

（2）电控技术

柴油机电控技术开始于 20 世纪 70 年代，其目标是保证在各种工况下动力性、经济性和排放性获得综合优化。其核心为电控燃油喷射系统，配合对涡轮增压装置、配气机构的实时控制等技术进行控制，以提高混合气形成及燃烧过程的综合质量。

（3）增压技术

采用增压技术的柴油机可以使进气量明显增大，平均过量空气系数增大，从而有效地降低 PM 排放。如果采用增压中冷技术，在降低 PM 排放之外还能抑制 NO_x 的生成，因此现代成熟的柴油机都采用增压中冷技术。

（4）燃烧方式的改进和优化

近年来，匀质混合压缩点火式燃烧技术（Homogeneous Charge Compression Ignition，简称 HCCI）成为国内外研究热点，这种技术的最大特点是可同时降低柴油机的颗粒物和 NO_x 的排放，可使柴油机在仅使用氧化型催化剂的情况下满足严格的排放限值。传统火花点火发动机的燃烧过程中，火焰前端和后端混合气温度比未燃混合气温度高很多，所以这种燃烧过程虽然混合气是均匀的，但是温度分布仍不均匀，局部的高温会导致在火焰经过的区域形成 NO_x。HCCI 燃烧方式的出现，有效地解决了传统匀质稀薄点火燃烧速度慢的缺点。

（5）缸盖结构及进气道优化

缸盖结构的改进主要以使燃油与空气混合更加充分，减少在高温缺氧的条件下燃油裂解而形成炭烟微粒为目的。通过进气道的改进，进气涡流强度的增加，微粒质量浓度有下降的趋势。

2. PM 机外净化技术

随着柴油车排放法规的日益严格化，仅凭借机内净化技术是无法达到排放法规的要求。

所以我们选择使用后处理技术,即我们所说的机外净化技术。该技术是将柴油机尾气引入专门的后处理装置中,清除其中的有害成分后再排出。

目前,国际上开发出的柴油车排气微粒后处理技术中已经达到或有希望达到商业化的有以下两种,即氧化催化转换器(Diesel Oxidation Catalyst,简称 DOC)和柴油车颗粒捕集器(Diesel Particulate Filter,简称 DPF)。

(1)氧化催化转换器(DOC)

DOC 是最早得到应用的柴油机排气后处理技术,其结构类似于汽油机上用的三效催化转换器(Three-way Catalyst,简称 TWC),载体是以铂(Pt)、钯(Pd)等贵金属或稀土作为催化剂,通过氧化反应,将颗粒物排放中的 SOF 成分转化为 CO_2 和 H_2O,转化效率可达 90% 以上,但由于柴油车尾气颗粒物中,主要成分为炭烟颗粒,可溶性有机成分只占一小部分,因此只能降低 20% ~50% 颗粒物排放,DOC 的主要功能是降低柴油机排放中的 CO 和 HC 排放。此外,尾气中的部分 SO_2 将会在高温下被氧化成硫酸盐。因此,催化剂的效果受到燃油中硫含量的制约,对于含硫量较高的柴油,这会使得 PM 中的硫酸盐的比例增加,可能导致 PM 排放增加,同时也会造成催化剂失效。

DOC 能转换 CO 和 HC 达 50% ~90%,对 PM 的转换效率达 20% ~50%,对 SOF 的转换效率达 90%,消除 50% 以上的烟,还能减轻柴油车的排气臭味。

DOC 存在的主要问题是高温老化和催化剂中毒问题。高温老化是由于贵金属在高温下发生烧结,从而导致催化剂活性降低,性能下降,这种老化是不可逆的。催化器中毒是由于排气中的硫酸盐、颗粒等成分覆盖到载体的表面活性点上,使得催化性能下降,同时当催化剂中毒后催化活性可以部分恢复。单独使用 DOC 时,会造成 NO_x 中 NO_2 比例的增加,而 NO_2 的毒性是 NO 毒性的 4 倍。

(2)颗粒捕集器(DPF)

颗粒捕集器(DPF)是目前国际上公认的去除柴油机颗粒物排放有效的控制手段,当排气通过微粒捕集器时,先由微粒捕集器的滤芯捕集微粒,然后再将捕集器捕集的微粒氧化燃烧以完成捕集器的再生。微粒捕集器主要由过滤装置、再生装置、控制装置组成。目前,欧洲、美国等发达国家普遍将这项技术应用于尾气后处理中,以满足日趋严格的排放法规。在我国,要满足未来更加严格的排放标准,DPF 的使用是必不可少的。颗粒捕集器的关键技术是过滤材料的选择以及过滤体的再生技术。当前这两项技术均有所突破。壁流式过滤体材料已经从陶瓷发展成碳化硅材料,并在国外得到广泛使用,与此同时,新型的金属性过滤体以及性能更佳的钛酸铝材料也已经开发出来。在再生技术方面,依靠发动机控制为基础的催化再生和燃油添加剂催化再生已经有相当的使用经验和很好的应用前景。

此外,消烟剂在燃油中加入某种化学成分能够改善柴油机性能和废气质量,目前在燃油添加剂中,仅在消烟添加剂上取得一些成果,降低气体排放量的添加剂还在积极研究中。

将钡溶解在可溶碱性盐或中性盐中作为消烟添加剂对降低柴油机烟度有明显效果,各种含钡添加剂的消烟效果主要取决于钡的添加量,炭烟浓度的降低率随燃料中钡含量的增加而增加。根据实验表明,当钡添加量达到 1g/L 左右时比较合适,它可以使排气烟度下降 50% ~70%,燃油消耗增加 1% ~2%。不同类型的发动机,使用消烟添加剂的效果不同,在小型高速柴油机上的使用效果差些,使用钡盐添加剂对废气其他成分没有什么影响,主要问题是钡盐水溶液具有毒性,例如,0.8~0.9g 氯化钡就可以使人中毒死亡,加入燃料中的钡盐将随废气以某种形式的钡盐排出,结果却增加了微粒排放量,所以使用钡盐添加剂存在二次污染问题。同时,由于钡盐使燃料含灰量增加,将会加速第一道活塞环的磨损。

由于上述原因,目前钡盐添加剂的应用受到较大的限制。

3. 加水燃烧

加水燃烧在过去 20 多年来曾得到广泛的研究,在柴油机中加水的办法有乳化柴油、进气喷水、进气管加水汽等,其中研究最多的是进气管喷水方法。

加水燃烧的主要作用在于水能吸收燃烧热量,降低最高燃烧温度,因此可以降低废气中 NO_x 的含量。里卡多公司在直接喷射柴油机上用加州 13 工况法研究进气管喷水的实验效果表明,当喷水量等于燃油量时,NO_x + HC 大约可以减少一半,功率损失仅 4%,明显好于 EGR 的效果,微粒(烟度)的变化也很小,其缺点是加水量控制不好会产生碳氢排放增高和燃烧不稳定,甚至失火等问题。加水燃烧实用化的最大难题是水或者水蒸气在发动机中造成的腐蚀,以及油箱和喷水系统带来的机构复杂等让汽车生产厂家难以接受的问题。

3.6　柴油机排放控制的机内净化措施

柴油机排放控制的要点在于 NO_x 和微粒的控制,为了同时降低 NO_x 和微粒并保持较高的热效率,柴油机应采用以下燃烧过程控制思路,即由实线所示燃烧过程变为虚线所示燃烧过程,可以概括为两点:

(1)控制预混合燃烧以降低 NO_x。

(2)促进扩散燃烧降低微粒。这个原则将贯穿于以下各项排放技术控制技术措施中,因为燃烧过程的控制是通过对"油、气、燃烧室"三方面的控制实现的。

3.6.1　低排放燃烧室设计

柴油机燃烧室是由进气系统进入的空气与由喷油系统喷入的燃油进行混合后进行燃烧的地方,所以,燃烧室几何形状和尺寸对柴油机的性能和排放具有重要的影响。在柴油机百年发展史中出现过五花八门的直喷式燃烧室,大多是根据试验结果来选定方案。虽然现在有各种燃烧室模拟商品软件,仍不足以直接设计出最优化的燃烧室。通过几十年来的经验积累,可以对低排放燃烧室设计总结如下。

1. 燃烧室有效容积比

燃烧室容积中的空气能有效地参与燃烧,而活塞顶隙或汽缸余隙范围内的空气,则往往错过有效燃烧期。燃烧室容积与压缩室总容积之比称为燃烧室有效容积比。设计燃烧室时,要力求提高燃烧室的有效容积比,以提高柴油机的冒烟极限,降低柴油机的炭烟和颗粒物排放,为此要避免采用短行程结构。现已证明,长行程,降转速的柴油机,其燃料经济性、排放特性比短行程、高速的柴油机好。要尽可能地缩小活塞顶面到汽缸盖底面之间的汽缸余隙,因此,要提高柴油机机体、活塞、连杆和曲轴等主要零件相关尺寸的加工精度,减少汽缸盖衬垫压紧厚度的公差。在燃烧室紧凑方面,一般四气门柴油机不如二气门柴油机,因为气门头部的凹坑导致燃烧室有效容积比下降。

2. 压缩比

低排放柴油机一般适当提高压缩比,这样可以降低 HC 和 CO 的排放,而最高燃烧压力由于推迟喷油定时而得到控制。为了减少柴油机的 NO_x 排放,现代柴油机的喷油定时都比传统柴油机迟,所以,提高压缩比结合推迟喷油,有利于柴油机性能与排放之间较好折中。

3. 燃烧室口径比

燃烧室口径比是柴油机直接喷射式燃烧室的重要结构参数,它是指燃烧室直径与深度或缸径的比值。小口径比的深燃烧室可在室中产生较强的涡流,但是涡流要造成能量损失,降低柴油机充量系数,且如果在中高速时涡流足够,则在低转速运行时往往显得涡流强度不足,如果燃烧室口径小,增加了燃油喷雾碰壁量,造成 HC 排放增加,所以设计趋势是,尽量用较大口径比的浅平燃烧室,配合小孔径的多喷孔喷嘴,实施高压喷射。

4. 燃烧室形状

柴油机发展近百年来,曾应用过多种多样的直喷式柴油机燃烧室形状,比如,应用最广的直边不缩口的 ω 形燃烧室。近年来出现了一种哑铃形的缩口燃烧室,应用于小缸径高增压低排放的轿车柴油机中,燃烧室的缩口可加强口部的气体湍流,促进扩散混合和燃烧。缩口燃烧室在燃烧上止点后的膨胀行程中仍能保持较强的涡流,这对加强柴油机燃烧过程后期的扩散燃烧十分有利,这样可以为了减少燃烧过程中 NO_x 的生成而推迟喷油时,不会造成燃烧恶化,从而改善 NO_x 与微粒排放之间的关系。此外,还有非回转体形状的燃烧室,带圆角的方形或五瓣梅花形燃烧室,分配 4 孔或者 5 孔喷油嘴,可以加强燃烧室中局部的湍流,加速油气混合,减少炭烟生成。

3.6.2 燃油喷射系统

1. 喷油特性

喷油器在单位时间内(或 1°曲轴转角内)喷入燃烧室的燃油量称为喷油速率。喷油规律是指喷油速率随时间(或喷油泵凸轮轴曲轴转角)的变化关系。供油规律指喷油泵供油速率随时间(或喷油泵凸轮轴转角)的变化关系,它基本由柱塞直径和凸轮几何尺寸决定,因此也称为几何供油规律。由于燃油高压系统的压力波动及弹性变形等原因,供油规律与喷油规律有一定差别,而对混合气形成和燃烧过程有直接影响的是喷油规律。

燃烧过程中,合理的喷油规律应为初期缓慢—中期—后期快速。这种理想喷油规律的形状近似于"靴形",可以通过控制初期喷油的速率和时间长短、中期喷油速率的变化率(斜率)和最高速率以及后期的断油速率来实现,同时,还应考虑喷油持续期和喷油开始时间。具体地说,初期喷油速率不要过高,以抑制着火落后期内混合气的生成量,降低初期燃烧速率,以达到降低燃烧温度、抑制 NO_x 生成及降低噪声的目的。中期应急速喷油,即采用高压喷油和高喷油速率以加速扩散燃烧速度,防止微粒排放和热效率的恶化,后期要迅速结束喷射,以避免低的喷油压力和喷油速率使雾化质量变差,导致燃烧不完全及炭烟及微粒排放增加。

2. 提高喷射压力

加速燃油与空气混合的主要方法之一是使燃油喷雾颗粒进一步细化,以增加燃油与空气的接触表面积和缩短混合时间。为此,近年来高压喷射技术在直喷式柴油机上得到了广泛的应用,最高喷射压力由传统的 30 ~ 50MPa 提高到 60 ~ 80MPa,近年来已高达 150 ~ 180MPa,这样高的喷射压力加上喷孔直径的不断缩小,使喷雾的平均直径由过去的 30 ~ 40 μm 减小到 10 μm 左右,油气混合气界面显著增大,并且由于高速燃油喷束对周围空气的卷吸作用,使混合气的形成速度大大加快和浓度分布更加均匀,着火落后期缩短,着火位置由过去的喷油器出口附近向油束前端(燃烧室壁)转移,形成与传统直接喷射柴油机不同的燃烧过程。

高压喷射造成的这种高温、高速以及混合能量很大的燃烧过程使微粒(炭烟)排放和热效率都有了明显改善。当喷油压力由 80MPa 提高到 160MPa 时,全负荷(过量空气系数为 1.3)的波许烟度由 1.7 降低到 0.5 以下,中等负荷时接近 0。如果不采取其他措施,一般高压喷射会使 NO_x 排放增加,但如果合理利用高压喷射时燃烧持续期短的特点,同时并用推迟喷油时间或 EGR 等方法,有可能同时降低微粒和 NO_x 排放。

高压喷射对传统的喷油系统提出了十分苛刻的要求,整个系统要有极高的强度、刚度和密封性能。将喷油泵和喷油器作成一体的喷油系统,即泵喷嘴,由于取消了高压油管,最高喷油压力达到 180MPa,并且缩短了喷油持续期,提高了怠速和小负荷时喷油的稳定性,加上电控,使喷油控制更加灵活。

使用泵喷嘴的柴油机使汽缸盖承受很大的应力,对汽缸盖和汽缸套的刚度要求很高。油泵凸轮距离曲轴距离较远,对传动系统的刚度要求也很高,这些都限制了泵喷嘴喷油压力的进一步提高,电控泵喷嘴对电磁阀的要求很高。此外,泵喷嘴占用汽缸盖上的空间较大,增加了汽缸盖和整机的高度,并给气门布置带来了一定的困难。

使用短油管的单体泵是传统直列柱塞泵与泵喷嘴之间的良好折中,每个汽缸配一个喷油泵,由接近曲轴的公共凸轮驱动。由于高压油管长度(包括喷油器在内)只有 250mm,加上汽缸盖和汽缸套的刚度要求不像泵喷嘴那么高,传动机构也比较紧凑,喷油压力可达 130 ~ 170MPa。

近年来开发成功并已经在国外应用成功的共轨式喷油系统,是目前被认为最理想的柴油机高压喷射系统,共轨式喷油系统不仅可以实现 170MPa,甚至更高的喷油压力,而且喷油时间和喷油量的控制更加灵活。

3. 喷油器

高性能、低排放的高速柴油机所使用的喷油器,尺寸越来越小,为汽缸盖的优化布置创造了更大的余地,从 $\phi25mm$、$\phi21mm$ 的 S 形喷油器,到 $\phi17mm$ 的 P 型喷油器,发展到最小的 $\phi9mm$ 的铅笔型喷油器。

多孔喷油器中的残油室中的燃油引起后滴,其容积对柴油机的 HC 排放影响最大,标准结构压力室容积为 0.6 ~ 1.0mm³,油孔容积 ≈ 0.3mm³,小压力室可缩减到 0.3mm³(油孔容积不变),无压力室喷油器(又称 VCO 喷油器)的压力室容积可缩到极限尺寸,约 0.1mm³,实验表明,VCO 喷油器与标准喷油器相比,HC 排放可以减少一半,而 CO 与 NO_x 排放几乎不变。

3.6.3　废气再循环(EGR)

尾气再循环系统(Exhaust Gas Recirculation,简称 EGR)是把柴油机排放尾气的小部分通过控制 EGR 阀又返至汽缸参与下个往复的工作过程。EGR 循环尾气因为具备惰性及很高的比热,要延迟燃烧时间,从而燃烧的温度被减少很多,而且减少了氧气密度,损坏了 NO_x 形成的环境,这些便是氮氧化合物将降低的首要理由。因为 EGR 再循环量的变化将对碳氢化合物以及二氧化碳的排放产生不同的效果,虽然提升 EGR 率对氮氧化物(NO_x)的排放产生了有效的抵制,但它对颗粒物的产生与 HC 化合物排放起到积极作用。

目前,EGR 技术研究主要集中以下三个方面:

(1)EGR 技术对汽车尾气排放效果的研究,即研究不同的 EGR 率对尾气排放物中的各种化学组成如 NO、碳氢化合物、CO_2 等含量的影响。对此,往往采用发动机台架试验,来分析尾气中不同成分随 EGR 率的变化情况,一般停留在稳态工况下,面对严格法规,远远不够。

(2)瞬态工况下 EGR 技术研究。如何实现在各个速度和负荷下最佳的 EGR 控制,仍是一个亟待解决的难题;如何实现在不牺牲动力性的情况下降低尾气排放(主要是 NO_x 排放降低)仍然是一个重要的研究方向;如何实现兼顾 NO_x、CO 以及碳氢化合物的排放是一个努力的方向。目前, EGR 冷却得到了比较广泛的应用。

(3)EGR 反馈控制机制有待完善。一方面,保证 EGR 阀的快速响应,实现精准的控制;另一方面,建立足够的反馈调节,保证 EGR 作用充分发挥,内燃机能够比较稳定地工作。显然,控制策略与 EGR 阀驱动方式的研究尤为重要。

3.6.4　柴油机增压技术

增压是提高发动机进气量的有效措施,最常用的增压方法是废气涡轮增压。发动机排出的具有一定能量的高温废气带动涡轮高速旋转,涡轮驱动与其同轴的压气机叶轮共同旋转,新鲜空气由进气口进入压气机,经压缩提高密度后被送入汽缸。

柴油机采用废气涡轮增压不仅可以提高功率 30% ~ 100%,甚至更多,还可以减小单位功率发动机的重量,减小外形尺寸,降低燃油消耗率。柴油机增压的最初目的是加大循环进气量,提高输出功率。增压后,进气温度提高,滞燃期缩短,混合气可以适当变稀,这些因素都使噪声、CO 和 HC 排放量有所降低;再加上功率提高而机械损失变化不大,泵气功变为正功等原因,耗油量也有所下降。但是进气温度上升导致 NO_x 排放增多,空气密度因为温度上升而下降,也使进气密度没有达到期望水平。于是出现了将增压后的空气再进行冷却的中冷技术,使进气温度降低,循环进气量更大,NO_x 排放下降而功率进一步增加。

由于增压发动机混合气变稀,增压柴油机的烟度会有所下降(在提高喷油速率,保证喷油时间不过大拉长为前提)。但是增加柴油机的加速冒烟和低速转矩问题应予以解决,除了尽量减轻增压器转动惯量以外,喷油系统中都装有增压补偿器,根据进气压力的大小调节喷油量,电控增压机型还可以采用进气管补气的办法降低烟度和提高低速转矩。

国内外的实践经验表明,增压是柴油机排放控制的重要技术措施,为了稳定达到欧洲 I

阶段排放法规的要求,重型车用柴油机应安装废气涡轮增压器,而为了稳定达到欧洲 Ⅱ 排放法规的要求,一般应安装带中冷装置的增压系统。

目前,废气涡轮增压技术在车用柴油机上得到了广泛应用,但仍存在一些亟待解决的问题,如启动性、加速性和低速转矩特性较差,热负荷和机械负荷增加等缺点。

本章小结

柴油机由于所用燃料及其燃烧方式的特征,排放的 CO 和 HC 相对汽油机来说要少得多,但排放的 NO_x 与汽油机在同一个数量级,而微粒和炭烟的排放要比汽油机大几十倍甚至更多。因此,柴油机的排放控制重点是 NO_x 与微粒(包括炭烟),其次是 HC。柴油机燃烧过程的改善往往引起 NO_x 排放增加,这就为柴油机的排放控制造成特殊困难。汽油机的 NO_x 可以通过三效催化转换器来有效降低或通过稀燃加以减少,而柴油机由于不均匀燃烧的富氧排气中的 NO_x 净化目前只能通过 SCR 等后处理系统加以降低,如何保证柴油机良好性能的前提下,NO_x、PM 等污染物均保持较低的水平,是柴油机面临的巨大挑战。

自测题

一、单选题

1. 柴油机减低颗粒物的后处理技术是(   )。
　　A. SCR　　　　　　　B. DPF　　　　　　　C. 三效催化转换器　D. LNT

2. 降低 NO_x 排放的机内措施是(   )。
　　A. EGR　　　　　　　B. SCR　　　　　　　C. DPF　　　　　　　D. LNT

3. 下面不属于柴油机气体污染物的是(   )。
　　A. HC　　　　　　　B. CO　　　　　　　C. CO_2　　　　　　　D. NO_x

4. 柴油机的 NO_x 排放中,包括 NO、NO2,其中 NO2 的毒性是 NO 的(   )。
　　A. 10 倍　　　　　　B. 20 倍　　　　　　C. 2 倍　　　　　　　D. 4 倍

5. SCR 反应效率最高的区间是(   )。
　　A. 200℃~300℃　　B. 300℃~400℃　　C. 400℃~500℃　　D. 250℃~350℃

二、判断题

1. 柴油机机外净化技术主要有废气再循环(EGR)与颗粒捕集器技术(DPF)。　　(　　)

2. 为提高柴油机的冒烟极限,降低柴油机的炭烟和颗粒物排放,为此就要避免采用长行程结构。　　　　　　　　　　　　　　　　　　　　　　　　　　　　　　　(　　)

3. 近年来,高压喷射技术在直喷式柴油机上得到了广泛的应用,最高喷射压力由传统的 30~50MPa 提高到 60~80MPa,甚至已高达 150~180MPa。　　　　　　(　　)

三、简答题

1. 简述目前柴油机的机内净化措施。

2. 简述降低 NO_x 排放的后处理方法。

3. 简述 EGR 原理。

第4章　发动机排气后处理技术

导言

本章主要介绍发动机后处理技术的主要技术与方法,零件图等内容。通过学习本章内容,力求使学生掌握后处理技术的相关基础知识,为学生继续学习相关章节打下坚实的基础。

学习目标

1. 认知目标
(1)理解汽油机催化转换器的基本原理。
(2)掌握汽油机三效催化剂的效率图。
(3)掌握柴油机颗粒物捕集器的再生方法。
2. 技能目标
(1)能够识别不同后处理技术的各种标准件。
(2)能够正确识读后处理技术降低污染物的原理。
(3)能够正确识读汽油机与柴油机的后处理系统图。
3. 情感目标
(1)自觉遵守国家相关标准。
(2)培养一丝不苟、严肃认真的工作作风。
(3)增强空间想象力和思维能力,提高学习兴趣。

4.1　汽油机排气后处理技术

4.1.1　汽油机催化转换器

使用催化转换器可以减少发动机的排放量,一般催化器是一个置于排气系统中进行化学处理的颗粒或蜂窝状结构的容器,使用催化剂可以提高化学反应速度并降低反映的起始温度,而其自身在反应中并不消耗。废气中的 HC、CO、NO_x 在催化剂中发生化学反应,生成无毒、无害的排放产物,如二氧化碳、水蒸气和氮气,然后排入大气。虽然目前的催化转换器还不能完全消除有害气体的排放,但已经可以使有害物质的含量大幅度降低,目前常用的催化净化技术可以总结如下。

1. 氧化催化转换器

氧化催化转换器采用沉积在面容比很大的载体表面上的催化剂作为触媒介质,发动机排气通过期间,使未燃烃和一氧化碳的再氧化反应能在较低的温度下更快地进行,使 HC 和 CO 发生反应生成 H_2O 和 CO_2,从而达到净化的目的,反应器中的催化剂本身不会发生永久性的化学变化,只是促进以下化学反应的进行:

$$CH_4 + 2O_2 =\!=\!= CO_2 + 2H_2O \tag{4-1}$$

$$2CO + O_2 =\!=\!= 2CO_2 \tag{4-2}$$

$$2H_2 + O_2 =\!=\!= 2H_2O \tag{4-3}$$

通常用铂、钯等贵金属或其氧化物作为催化剂,常用催化剂的载体材料是氧化铝(Al_2O_3),结构先多为蜂窝状载体结构,它是以多孔陶瓷作为骨架,用氧化铝浸泡在骨架上面,经烧结而成,一般每个催化剂中贵重金属用量为 $2 \sim 3g$。

这种氧化催化转换器既适用于汽油机,又适用于柴油机。用于汽油机时,需要引入二次空气以加强氧化过程;用于柴油机时,由于柴油机是富氧燃烧,不需要引入二次空气。

通常催化剂的表面活性是利用排气本身热量激发的,催化器的使用温度范围,以活化开始温度为下限,以过热发生裂化的极限温度为上限。常规催化转换器一般在发动机启动预热 $4 \sim 5min$ 以后才起作用,而一旦活化开始,催化床因为反应放热大而自动保持高温,此时只要温度不超过上限,净化反应便能顺利进行。催化剂过热发生裂化的主要原因是由于烧结使催化剂表面积迅速减小,并使催化剂发生质的变化,因此必须防止催化剂过热,发动机在低速全负荷排气温度可达 1100K 以上,在上坡和怠速时,转换器的温度因 HC 和 CO 的浓度增大而上升,尤其在上坡后怠速,或燃烧不良大量混合气进入转换器,使催化床温度急剧上升,在这些情况下,催化剂往往容易过热,因此必须在排气管路上安装旁通阀,根据运行条件控制废气由旁通阀流出的量,以防止催化剂过热。造成催化转换器破坏的另一个主要原因是铅化物、碳粒、焦油等对催化剂的毒性,其中铅化物的毒性是由汽油机的铅引起的,是排气中的铅化物堵塞载体和覆盖催化剂表面造成的;碳粒和焦油的毒性是柴油机低温运行经常遇到的问题,他们附着在催化剂表面,活性下降,因此对汽油机而言,应使用无铅汽油;对柴油机而言,应避免低负荷或变工况下燃烧恶化,提高催化转换器的使用寿命。

2. 三效催化转换器

三效催化转换器是一种能使 CO、HC、NO_x 这三种有害物质同时得到净化处理的装置,催化作用除上述的氧化作用以外,还有还原作用。在使用催化剂的情况下,用排气中 CO、HC 和 H_2 作为还原剂,使 NO 还原成 N_2。此外,还包括在高温下发生的还原分解反应,即

$$2NO + 2CO =\!=\!= N_2 + 2CO_2 \tag{4-4}$$

$$4NO + CH_4 =\!=\!= 2N_2 + CO_2 + 2H_2O \tag{4-5}$$

$$2NO + 2H_2 =\!=\!= N_2 + 2H_2O \tag{4-6}$$

以及在更高的温度下,需要较长时间处理的还原反应:

$$2NO =\!=\!= N_2 + O_2 \tag{4-7}$$

三效催化转换器利用铂、铝或钯的颗粒减少 HC 和 CO;用包含有铑的颗粒减少 NO_x,由

于这种催化转换器可以使 HC、CO 和 NO$_x$ 同时发生氧化还原反应转化为无害物质,所以被称为三效催化转换器,如图 4-1 所示。

在上述反应中,氧化与还原反应是同时发生的。对同一种催化剂的氧化作用与还原作用而言,其催化反应特性与通过的排气中氧的含量有关,由此可见,由催化反应所导致的净化效率与混合气的空燃比有关。

图 4-2 表示了三效催化转化效率与空燃比的关系,可以看出,三效催化转换器需要将空燃比精确控制在理论空燃比附近,才能同时实现对三种有害成分的高效率净化。但是它要求把混合气的 A/F 值精确控制在理论空燃比附近的最佳范围内,否则就不能同时对三种有害物质进行高效率的氧化还原反应,因此使用高精度、稳定性好、对环境适应性强、可靠性高的氧传感器进行闭环控制,以便精确控制空燃比。

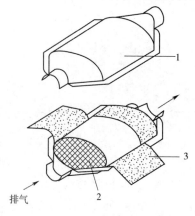

图 4-1　三效催化装置

1-外壳;2-载体与催化器;3-减振器密封垫

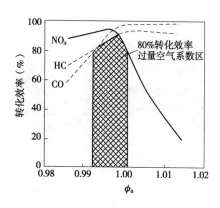

图 4-2　三效催化剂的转换效率

三效催化剂可以使发动机具有良好的燃油经济性和工作性能,不再需要空气泵和吸气器。这表现在成本降低,能量消耗减少。

按 FTP 循环工况或者欧洲Ⅲ阶段排放循环进行测试,排气中的 HC 约有 90% 是在发动机冷启动阶段排出的,而一般的三效催化转换器在只有较高的温度下才可能正常工作。因此为改善启动时的 HC 排放,可以采用电预热方法,使金属载体的催化器在发动机启动后 5~10s 内达到催化剂的工作温度,从而降低冷启动后最初几分钟内的有害物质排放量。

催化器应尽量安装在靠近发动机的位置,使用隔热的排气管和尾管加热,增加催化器表面积,提高催化剂中金属铂的含量,从而缩短催化剂的点火时间,使催化剂快速工作。

综上所述,催化转换是排气后处理技术的主要手段,可以有效地减少汽车排放有害物质,对于汽油机来说,催化转换起到使排放物"净化"的作用,使排放指标符合排放法规的要求。需要说明的是,对于汽油机来说,应当使用无铅汽油,否则汽油中的铅会使催化剂中毒,使其失去效用,因此催化转化技术对燃料质量有一定的要求。

3. 稀燃型 NO$_x$ 催化转换器

稀薄燃烧具有节油、降低排气污染物的优点,但是目前的三效催化剂不能在稀燃区域内有效的转化 NO$_x$,吸藏型 NO$_x$ 催化转化器剂是为专稀薄燃烧发动机开发的催化剂,它可以在富氧条件下转化 NO$_x$,催化机理是在氧气过剩时吸收 NO$_x$,使 NO$_x$ 与排气中的氧发生反应生

成 NO_2，被碱性物质吸附，然后在缺氧条件下使被吸收的 NO_2 发生还原反应。用于稀燃发动机的 NO_x 催化剂，其还原率为 50%，并有望达到 70%。

尽管有多种可能用于稀燃汽油机的催化转换器方案，但现在已实用化并成功地应用于缸内直喷式汽油机的主要是 NO_x 吸附还原型三效催化转换器。

如图 4-3 所示，吸附还原型三效催化转换器的活性成分是贵金属、碱土金属或稀土金属，当发动机在稀燃状态下工作时，排气处于氧化气氛，在贵金属（P_t）的催化作用下，NO 与 O_2 发生反应生成 NO_2，并以硝酸盐的形式吸附在碱土金属表面。同时，CO 和 HC 被氧化反应生成 CO_2 和 H_2O 后排出催化器。而当发动机在浓混合气状态下运转时，形成还原气氛，作为还原剂的 CO、HC 和 H_2 与从碱土金属表面析出的 NO_2 发生反应，生成 CO_2、H_2O 和 N_2，同时使碱土金属得到再生。

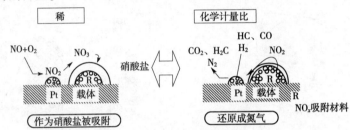

图 4-3　吸附还原催化器的工作原理

为保证催化器能在稀—浓交替的气氛中工作，而不影响发动机的动力经济性，发动机控制方式如图 4-4 所示，即每隔 50~60s，由 ECU 自动控制节气门减小开度，使空燃比由 23 变为 10，同时点火提前角也由 35° 变为 5°。这期间持续 5~10s，也称为催化器的再生过程，也可以将再生过程设定在怠速，由于这时空速小，可以得到较高的 NO_x 还原效果。再生过程尽管会对发动机性能产生负面影响，但由于时间很短，并通过合理调节，燃油经济性的恶化可以控制在 1% 以下。

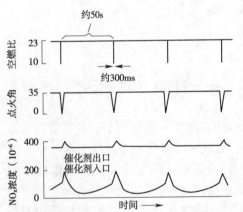

图 4-4　吸附还原催化器的空燃比控制方法

4.1.2　汽油机颗粒捕集器（GPF）

随着 GDI 汽油机的发展，雾霾现象日益严重，汽油机颗粒物的排放逐渐引起人们的重视，汽油机颗粒捕集器（GPF）成为解决颗粒物问题的主要措施。颗粒捕集器可以捕集超过 90% 的发动机颗粒物，再运用再生技术燃烧捕集到的炭烟颗粒，在尾气后处理中增加这项技术，可以满足更加严格的排放标准。国Ⅵ标准对颗粒物质量（PM）和颗粒物数量（PN）提出了严格的要求，因此 GPF 是应对国Ⅵ标准必不可少的后处理技术。

影响汽油机颗粒捕集器综合性能的关键性因素是过滤材料的选择。GPF 结构设计直接受过滤材料的机械强度、散热能力、过滤能力等物理性能的影响，从而决定 GPF 的使用寿命、排气背压、过滤效率等。GPF 工作在排气系统的热端，长时间处在高温、腐蚀的复杂环境中，因此,作为 GPF 的材料要具有较强的耐热冲击性、良好的热稳定性以及机械强度等性能。最佳的 GPF 材料的导热系数一定要高,而热膨胀系数要尽可能低。在 GPF 再生的时候导热系数越高,其内部温度分布越均匀,产生较小的温度梯度,同时低的热膨胀系数能够有效地减小由于温度变化带来的压缩和拉伸应力,可防止 GPF 产生裂缝甚至破裂而导致颗粒物过滤效率急剧下降。目前,市场上的 GPF 载体主要包括两种,即金属载体和陶瓷载体。金属载体采用的材料主要是铁铬镍合金,常用的陶瓷载体材料主要有董青石(Cd)、碳化硅(SiC)、钛酸铝(AT)、莫来石(Mullite)等。没有一种载体材料能够同时满足 GPF 的所有性能要求,目前研究与使用最多的两种材料是董青石(Cd)和碳化硅(SiC)。

董青石是目前应用最为广泛的 GPF 过滤材料,其主要优点在于成本低、热膨胀系数低、耐高温和机械强度高。对汽油机颗粒捕集器来说,其抗热冲击性能非常重要,董青石具有较优的抗热冲击性能以及较小的热膨胀系数,使得其非常适合作为汽油机颗粒捕集器的材料。董青石热质量低,催化剂涂覆性能好,因此其催化剂起燃时间短。以董青石为材料的捕集器在低温时有很高的 CO 和 HC 转换效率,可以减少在冷启动阶段和催化剂加热阶段生成的颗粒物。董青石也有许多缺点,如耐腐蚀性较差、径向膨胀系数比轴向膨胀系数要高、导热率较小等。导热率较小会导致再生时内部热量不能散发而使过滤器开裂。同时,董青石的比热容较小,因此需要设计更大的壁厚和孔道密度,会导致排气背压的增加和总热容的提高。

颗粒捕集器最常见的结构是壁流式,即用一个类似于蜂窝状结构的载体去过滤汽车尾气流中的颗粒物,尾气从通道的入口端进入,但通道的另一端是封闭的,气流无法排除转而透过通道内壁进入相邻孔道,从该孔道排出,该相邻孔道的入口端封闭,而出口端打开,颗粒物因无法通过内壁而被沉积下来,就形成了颗粒捕集器中的炭烟。尾气在通过颗粒捕集器时,对颗粒物的捕集工作主要通过拦截、扩散、惯性碰撞、重力和静电等捕集机理来完成。颗粒物直径较大,当随气流通过载体内壁时,气流的方向发生改变后,颗粒物由于质量较大其运动方向来不及改变,就会以惯性碰撞的机理被捕集下来,这就是惯性碰撞捕集的基本原理。颗粒捕集器能够快速、有效地捕集汽车尾气中的颗粒物,但经过持续不断的微粒捕集,颗粒物沉积在载体中,会堵塞载体内壁的多孔介质通道,排气系统的背压也会随之升高,从而影响汽车的动力性与经济性。因此,需要促使颗粒捕集器中的炭烟颗粒再次氧化燃烧,去除捕集到的颗粒物,称为再生技术。GPF 再生循环会直接影响到汽车排气系统的背压特性,高效的再生方式和可靠地再生控制策略能够提升 GPF 的工作能力和使用寿命。GPF 再生控制策略是指通过提升 GPF 的氧含量和入口温度,促进载体中碳颗粒的氧化燃烧,同时利用热管理手段,防止不当再生烧坏 GPF,达到控制排气系统背压的目的。

4.2　柴油机排气后处理技术

使用催化净化技术来减少发动机的气态排放物在汽油机上已经广泛使用,而在柴油机上的应用还不多。这是由于 CO 和 HC 比汽油机低得多,一般能符合当前各国排放要求,而且柴油机废气处理困难较大。柴油机废气中的 NO_x 与汽油机接近,是需要控制的。但废气中氧浓度高,不能使用还原剂净化 NO_x,另外,废气中氧的浓度高,虽然对采用氧化剂净化 CO 和 HC 等有害成分有利,可以不用二次空气,但柴油机排气温度低,使催化剂转化效率受到不利影响。

柴油机排放中炭烟多,SO_2 也比汽油机多,这些都会降低催化转换器的寿命,特别是柴油机等在变工况低负荷下工作时,废气中大量的炭烟和沥青等成分会黏附在催化剂表面,使催化剂失去活性。由于应用催化剂遇到的问题,柴油机较少使用催化转换器处理废气。只有地下矿坑或隧道使用的柴油机,因为排气净化要求严格,需要使用这种方法处理 CO 和 HC。在废气处理中,为了保证催化剂具有足够的温度,要求催化剂的安装尽量靠近排气歧管,并尽量避免柴油机在怠速下长期运转。同时,还要采取措施,设法对失去活性的催化剂进行处理,燃烧附着在催化剂表面的炭烟和沥青,使催化剂再生,以延长使用寿命。

柴油机排气净化后处理控制技术主要有吸附滤清和催化反应两种方法,其中催化反应方法与汽油机的催化转换方法基本一样。需要说明的是,柴油机由于是富氧燃烧,目前还不能有效地还原氮氧化物,目前主要应用的还是氧化催化转换器;催化反应剂将排气中的 SO_2 转换为 SO_3,额外增加颗粒物的排放,所以柴油机催化转换技术只适合使用低含硫量的柴油。

由于柴油机的排气污染物中含有大量颗粒成分,这些颗粒成分主要靠过滤器、收集器等装置来捕获收集,以降低向大气中的排放量,收集器也可作为其他排放物的净化装置。此外,降低柴油机 NO_x 排放的 NO_x 还原催化转换器的研究也取得了阶段性的研究成果。

4.2.1　氧化催化转化器(DOC)

柴油机用氧化催化转换器,原则上与汽油机相同。活性成分可用 Pt,采用氧化催化转换器的目的主要是降低微粒排放。尽管由于柴油机排气温度较低,使得微粒中的炭烟难以氧化,但微粒中的 SOF 可以得到催化氧化,最终达到降低微粒排放的效果。同时进一步降低柴油机的 HC 和 CO 的排放水平。

由于柴油中的硫含量较高,燃烧后生成 SO_2、经催化器氧化后会变成 SO_3,然后与排气中的水分化合生成硫酸盐,如图 4-5 所示。催化氧化的效果越好,硫酸盐生成的越多,不但抵消了 SOF 的减少,反而使微粒排放上升,国外有报道微粒上升到原来的 8~9 倍。另外,硫也是使催化转换器劣化的原因之一。因此减少柴油中的硫含量就成了使用氧化催化转换器的先决条件。美国从 1993 年 10 月,日本从 1997 年 10 月分别将车用柴油的含硫量限制在 0.05%(质量)以下。另外,Pd 尽管活性不如 Pt,但产生的硫酸盐要少得多,而且价格便宜,因此也有选择 Pd 作为柴油机氧化催化转换器的活性成分的。

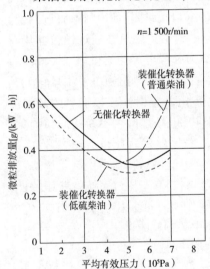

图 4-5　氧化催化转换器降低微粒排放的效果

4.2.2　颗粒捕捉器(DPF)

微粒捕集氧化器是目前研究应用较多的一种微粒后处理器,一般由耐高温的过滤器和可清除沉积于过滤器中微粒的再生系统组成,因而微粒捕集技术研究包括过滤器、再生技术、再生控制系统三个方面。

1. 过滤器

在选择微粒捕集氧化器的过滤器时,应考虑其捕集效率、压降、面容比、耐高温性、成本和寿命。几种典型的微粒过滤器结构如图4-6所示。

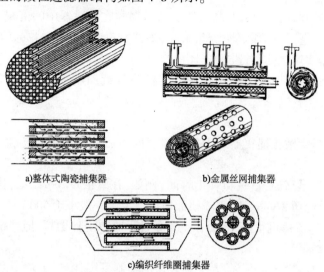

a)整体式陶瓷捕集器　　　　b)金属丝网捕集器

c)编织纤维圈捕集器

图4-6 几种典型的微粒过滤器结构

目前报道的过滤器主要有以下几类。

(1)整体式蜂窝过滤器

美国 Corning 公司开发的蜂窝微孔堇青石陶瓷过滤器,具有较低的热膨胀系数,耐高温、耐冲击性好,过滤阻力低,紧凑性好。其缺点是这种滤芯属于表面过滤型,当微粒沉积不均时,极易在再生时因应力而破裂,因此对再生控制提出了更高的要求,而且制造成本高。蜂窝陶瓷过滤器依其孔壁厚和孔隙率捕集效率可达 60%~90%。

(2)整体泡沫陶瓷过滤器

泡沫陶瓷是在连续三维网孔的泡沫塑料骨架表面浸渍陶瓷泥料。经过干燥、焙烧而成,材料也是堇青石陶瓷,由于它具有连续的三维网孔,属于表面—体积混合型滤芯,与蜂窝陶瓷相比,其容灰量较大,但由于有效面容比较小,结构紧凑性差。

泡沫陶瓷捕集器过滤效率可达 60%~80%,并且泡沫陶瓷过滤器的再生温度比蜂窝过滤器低,泡沫陶瓷与蜂窝陶瓷的竞争将取决于再生时的可靠性和结构紧凑性两个方面。

(3)涂有催化剂的不锈钢丝网式过滤器

这种过滤器由美国 Jahnson-Matthey 公司研制成功,过滤元件由不锈钢丝织成,丝网上涂有氧化铝和稀有金属氧化剂。氧化剂的作用是促进 HC 和 CO 的氧化,减少臭味,并氧化微粒中大部分有机可溶成分(SOF),降低微粒着火温度。其缺点是,氧化剂促进了 SO_2 向 SO_3 的转化,硫酸盐生成量大。

(4)氧化硅纤维烛式过滤器

由于陶瓷过滤器的耐热冲击性差,而且制造尺寸受到限制,Bentz 和 Mann&Hummel 公司自 1978 年开发了氧化硅纤维烛形过滤器,其结构是将经过特殊表面处理的氧化硅陶瓷纤维交叉编织在一端开口的多孔金属圆管上,组成多个烛形的过滤元件,排气从外周沿直径方向进入管内,使微粒沉积在纤维上。这种过滤器耐热性和机械耐久性好,效率高达90%。其缺点是阻力增长快,再生周期短,成本较高。

2. 微粒捕集器的再生技术

微粒氧化捕集器在正常使用时,排气阻力会因微粒在过滤器中的沉积而增加,为保证发动机的性能损失不致过大,必须定期清除微粒,限制其最高阻力,微粒的清除即为捕集器的再生,再生是捕集器实用化的关键技术。

目前被微粒捕集器再生方法可以分为两大类,即断续加热再生和连续催化再生,其工作原理如下。

(1) 断续加热再生

断续加热再生是指微粒捕集器每工作一段时间以后,采用电加热或燃烧器加热消除微粒的办法。

微粒氧化的要素是高温、富氧和氧化时间,例如,在氧浓度5%以上,排气温度650℃以上,微粒的氧化也要经历2 min。而实际柴油机排气温度一般小于500℃,一些城市公交车排温在300℃以下,排气流速也很高,因而在正常条件下难以烧掉微粒,提高排温往往又伴随着燃油经济性的恶化。

在实际使用加热再生方式时,需要一套复杂的控制系统,图4-7是一例微粒捕集器及其控制系统示意图。排气系统中装有两个微粒捕集器,当一侧的捕集器由于微粒的积存使排气背压升高到一定限值时,再生系统启动,通过电磁阀切换,使排气流向另一侧的捕集器,同时对积存了微粒的捕集器进行电加热以烧掉微粒使其再生。这样两侧的微粒捕集器就交替工作或再生。当然,也可以用一只微粒捕集器,根据背压信号断续加热再生。

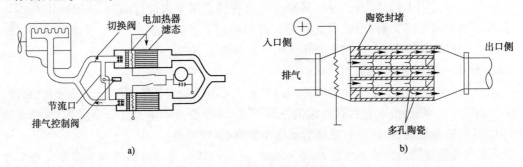

a)   b)

图4-7 微粒捕集器及其控制系统

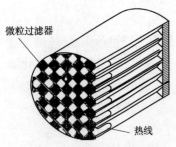

图4-8 FEV公司的微粒捕集器和再生控制系统

FEV公司采用回形电阻丝加热再生,如图4-8所示。电热丝伸入微粒捕集器的入口孔道内,直接与微粒接触。电热丝直接点燃微粒后,前部微粒燃烧的火焰随排气气流向微粒捕集器尾部传播,使整个通道内的微粒被逐步加热燃烧,这种方法比图4-7所示的方式通电时间短(约50s),可以节省电力消耗。另外,整个微粒捕集器的再生可以分区进行。

上述断续加热再生方法都属于强制加热方法,因而要消耗能量,影响汽车的经济性,同时需要一套复杂的控制系统,使结构复杂成本较高。另外,如何控制再生温度也是一个难题,温度过低微粒不起燃,但温度过高会增加微粒捕集器的热应力,以致产生破裂,甚至造成微粒捕集器烧溶。

(2)连续再生

连续再生是指微粒捕集器边工作边再生的办法。作为早期被考察的连续再生方法,是在微粒捕集器的陶瓷载体表面(主要是入口处)涂覆含有贵金属元素的催化剂涂层,使微粒的起燃温度降到450℃左右,国外从20世纪80年代开始,在矿井等地下作业车辆上开始采用。为保证足够高的排气温度,往往与进气节流装置并用,这种方法于20世纪90年代初期开始应用于雅典等城市的公交客车上。

一般认为,DPF的捕集过程先后包括深床捕集和滤饼捕集两种形式,如图4-9所示。由于DPF过滤体的微孔一般是微米级的,而某些颗粒物的尺寸是纳米级的,因此DPF捕集时,并不是如同一个"滤网"一样,颗粒物直接堆积在载体表面,而是有一个深床捕集的过程,即颗粒物先在载体多孔介质内部堆积。深床捕集过程会改变DPF过滤体的一些物理性质,如多孔率和渗透率。在深床捕集过程中,DPF过滤体对颗粒物的捕集主要通过以下五种方式:

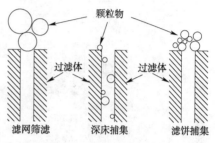

图4-9 过滤体捕集的基本过程

①布朗扩散。排气中的颗粒物由于布朗运动,会脱离流动方向而随机运动,此时如果接触到了过滤微孔或者微孔中积炭的表面,就会被捕集。

②拦截。当气流中颗粒物几何尺寸较大,较过滤微孔宽度相同或者更大时,颗粒物就会被拦截在微孔入口。

③惯性碰撞。由于多孔介质内部,微孔的流通方向弯曲多变,一些颗粒物由于运动惯性,会沉积在微孔表面。

④重力沉降。质量较大的颗粒物因重力沉降到微孔表面被捕集。

⑤静电吸附。颗粒物与颗粒物或者微孔表面之间存在静电力,颗粒物因此吸附在已沉积的颗粒物或者微孔表面上。

经研究表明,相较于拦截和惯性碰撞的方式,柴油机颗粒物的捕集以布朗扩散为主,随着粒径的增大,布朗扩散效应减弱,而拦截和惯性碰撞作用增强。当排气温度增加时,布朗扩散效应也相应加强。

当颗粒物在DPF内部堆积到一定程度时,DPF入口孔道表面开始形成一层由颗粒物组成的沉积层,此时便进入滤饼捕集。在滤饼捕集过程中,颗粒物的沉积形式受排气流的影响,因此正对排气管的孔道会有更多的颗粒物沉积。在孔道方向上,沉积层的高度及颗粒物的沉积密度呈现较大的随机性,有的DPF在孔道两端的积炭量更多,而有的DPF的积炭量呈现入口端少、出口端多等情形。此外,沉积层在靠近过滤壁面处,沉积密度更大,而靠近气流处沉积密度较小。

DPF在深床捕集和滤饼捕集中,排气背压和颗粒物过滤效率有所不同。

DPF并不能无限制地捕集颗粒物,当其捕集的颗粒物达到一定程度,背压显著升高,将对发动机的工作性能产生影响。此时,必须使用特定方式,将DPF内部沉积的积炭通过氧化燃烧或者其他方式清除,即 DPF 的再生。

DPF 的再生按照其是否需要外部提供能量来源,可分为主动再生和被动再生两种方式。

常见的主动再生方式包括以下几种:

①燃烧器再生。燃烧器再生是一种应用较早的再生方式,早在 20 世纪八九十年代,就有相关研究和产品。相比于其他主动再生方式,燃烧器再生耗电量小,燃料直接取自燃油,能量利用率高,响应性快,对在用车改造时成本低,至今仍在使用。图 4-10、图 4-11 是一种燃烧器再生的试验台架。

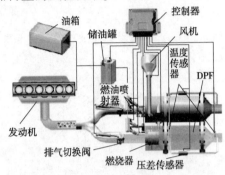

| 图 4-10　一种燃烧器再生的试验台架 | 图 4-11　燃烧器再生的试验台架 |

②利用 DOC 氧化燃油的再生。DOC + DPF 后处理系统是柴油车满足第 5 阶段排放法规的常见技术路线之一。采用 DOC + DPF 技术路线的柴油车,通常会使用排气行程燃油后喷或者在 DOC 前加装额外喷油器(二次喷油器)的方式,利用 DOC 氧化燃油放热将排气温度提高到再生所需的温度($550℃ \sim 600℃$)。DOC 也可将一氧化氮(NO)转化成氧化性更强的二氧化氮(NO_2),当涡轮出口处 NO 浓度较高时,能显著提高 DPF 的再生效率。采用这种方法进行再生,设备简单,成本较低,特别是燃油后喷再生,几乎无须其他额外花费,因此受到广泛使用,也是 DPF 再生研究的热点方法之一。

③电加热再生、微波加热再生及红外加热再生。电加热再生是在 DPF 入口或者孔道内布置电热丝的方法,加热 DPF 或者引燃入口处的颗粒物。此外,由于颗粒物对微波或者红外辐射的吸收能力较强,还有使用微波或者红外加热 DPF 的再生方式。

④其他方式再生。除上述再生方式外,目前正在研究一些其他的再生方式,如低温等离子再生。低温等离子再生是使用低温等离子体放电后产生强氧化性的臭氧(O_3)并使 DPF 中的颗粒物被氧化的再生方式。根据研究表明,低温等离子再生可在低至 250℃ 的温度下进行,且再生所需的能量仅为发动机发出能量的 0.25%,再生时内部温度及温度梯度较低,有利于 DPF 寿命的延长,并且不需要使用催化剂,因此其应用前景较被看好。

采用燃烧器或者 DOC 氧化燃油等主动再生方法时,需要准确决定再生时机。再生时机可以通过微粒加载过程的数学模型,结合发动机的运行历史进行判断,或者根据累计油耗量、排气背压等能够反应颗粒物沉积量的参数进行判断。根据排气背压判断再生时机的方法是目前应用较为普遍的方法。这一般是在电子控制单元(ECU)中储存排气流量、排气背压和颗粒物沉积量的三维 Map,基于 Map 查询颗粒物沉积量,当颗粒物沉积量达到预设值时再生,其中排气背压需利用理想气体方程进行温度修正。缸内后喷量(或者二次喷油器的燃油喷射量)则一般根据需要达到的 DPF 入口温度计算确定。

主动再生具有对发动机工作工况的要求较低、可使用较高硫含量的燃料的优势，但是，由于其再生温度过高，容易造成 DPF 的损坏，在某些特定场合容易导致安全风险，另外，其系统较为复杂。相比较而言，被动再生的再生温度较低，结构简单。

常见的被动再生方式有以下几种：

①催化再生。催化型颗粒捕集器（Catalytic DPF，简称 CDPF）是在载体表面涂覆能降低颗粒物起燃温度的催化剂的 DPF。常见的催化剂包括铂（Pt）、钯（Pd）、钌（Ru）等贵金属催化剂及锂-铬（Li-Cr）氧化物、铈-锆（Ce-Zr）氧化物等金属氧化物催化剂。催化再生一般可将颗粒物的起燃温度降低至 200℃ ~ 300℃，在柴油机正常使用时即可实现连续再生。由于催化剂对燃油中的硫含量较为敏感，所以在燃用高硫油的地区不宜使用。

②燃油添加剂。不同于在 DPF 载体上涂覆催化剂，燃油添加剂（Fuel Borne Catalyst，简称 FBC）是添加在燃油中的一类燃烧后能形成有催化作用的金属氧化物的可溶性金属有机物。不同于 CDPF，这些金属氧化物直接形成在颗粒物中，即催化剂和颗粒物紧密接触，从而降低颗粒物的氧化温度（一般在 350℃ 左右）。此外，FBC 对燃油中的硫含量不敏感。组成燃油添加剂的金属元素包括铈（Ce）、铁（Fe）、铜（Cu）、锰（Mn）、钠（Na）、锶（Sr）和钙（Ca）等，含量通常为 1.5 ~ 10mg/kg。由于这些金属元素毒性较大且易产生二次污染，因此包括含铜添加剂在内的一些 FBC 在美国等国家已被禁止使用。

③微粒捕集器对发动机工作过程的影响

加装 DPF 能显著提高排气背压。关于洁净 DPF 对排气背压的影响研究较为彻底，其原理亦可推广应用到含有颗粒物或灰分的捕集器。DPF 的排气背压主要包括入口截面收缩损失、入口通道沿程损失、微粒层渗流损失、灰分层渗流损失、壁面渗流损失、出口通道沿程损失和出口截面扩张损失部分。

（1）入口截面收缩损失/出口截面扩张损失

入口截面收缩损失是指排气由 DPF 前的排气管进入 DPF 入口通道所引起的压力损失，而出口截面扩张损失是指排气由 DPF 出口通道进入 DPF 后的排气管所引起的压力损失。这两种损失主要受入口截面大小的影响。入口截面收缩损失或出口截面扩张损失对排气背压的影响较小，通常不超过 3%。

（2）入口/出口通道沿程损失

入口或出口通道的沿程损失是指排气在 DPF 通道内，由于摩擦阻力而造成的压力损失。这两种损失主要受通道的水力直径和长度的影响，与通道的几何形状及堵头灰分的含量有关。沿程损失对排气背压的影响通常在 10% ~ 40%，其中，入口通道沿程损失大于出口通道沿程损失。

（3）微粒层/壁面渗流损失

渗流损失是指 DPF 通过具有多孔介质性质的微粒层或者过滤壁面而引起的压力损失。这一部分压力损失受各层厚度及渗流性质（如渗透率）影响，与各层的沉积密度、微孔孔径等参数有关。渗流损失是排气背压的主要组成部分，通常为 50% ~ 90%。

在 DPF 捕集的不同阶段，其排气背压各有特点。较为典型的排气背压在捕集过程中的变化曲线如图 4-12 所示。洁净的 DPF 开始捕集时，颗粒物在壁面过滤体内部堆积，使壁面多孔率降低，这一阶段排气背压的变化是由壁面渗透率下降引起的，因此背压上升幅度较大。进入滤饼捕集后,沉积层形成且厚度逐渐增加,这一阶段排气背压的变化主要是因为排气流过的多孔介质厚度增加。一般来讲,排气背压在积炭速率不变的条件下,呈线性增加(即背压变化率基本不变)且幅度较深床捕集缓慢。有关文献指出,在滤饼捕集的初期,沉积层的性质(如多孔率,渗透率)亦是随累积时间变化的。这体现在排气背压曲线上,当积炭速率不变时,深床捕集与滤饼捕集的背压变化曲线中间存在一段过渡段。需要指出的是,这只是一种最为常见的典型背压变化曲线,并不适用于所有 DPF。例如,一些文献中给出的背压变化曲线,存在两者分界不明显的情形;有些文献中,还提到在背压变化率在维持一段时间的稳定后有可能进一步增加,排气背压也因此更加剧烈地上升。

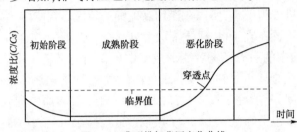

图 4-12　典型排气背压变化曲线

3. 微粒捕集器对颗粒物的捕集效率

DPF 的过滤效率定义为 DPF 前后颗粒物质量浓度或者颗粒物数量 PN 浓度之差与 DPF 前的对应浓度的比值。大多数台架试验或者数值模拟的结果都表明,DPF 对 PM 或者 PN 均有较高的过滤效率,在绝大部分情况下能达到 90% 以上,甚至能达到 99% 以上。工况对 DPF 的过滤效率影响较大,柴油车在冷启动阶段和市郊行驶时,其过滤效率远比正常市区行驶时低;负荷对 DPF 过滤效率的影响较为明显,在大负荷时,DPF 一般具有更高的过滤效率。DPF 对不同粒径的颗粒物的过滤效率有所不同,一般地,对粒径更小的核态颗粒过滤效率会比对粒径更大的积聚态颗粒物的过滤效率更高,在高速工况提高得更为明显。

根据经典过滤理论,多孔介质过滤体的过滤效率会随着使用时间而变化,在不同的捕集阶段呈现不同的特点。在捕集过程初期,捕集发生在过滤体微孔内部。随着颗粒物在微孔内部沉积,过滤体渗透性下降,过滤效率有所提高。这一阶段又被称为"初始阶段"或者"瞬态阶段"。在初始阶段后,过滤效率趋于稳定,这一阶段又可以称为"成熟阶段"。成熟阶段后捕集进行到一定程度时,过滤效率会开始恶化直至过滤体发生突破现象。

4. 微粒捕集器对整机排放的影响

通过试验和数值计算结果均表明,加装 DPF 会增加整机油耗及 CO_2 排放,其增加幅度为 2% ~ 14% 不等。对气态污染物排放的影响,不同类型的 DPF 呈现出不同的特点。主动再生的 DPF 和 CDPF 安装后,在大部分工况下会显著降低 CO 的排放,但在全负荷运转时,可能会导致 CO 排放增加。CDPF 对 HC 和 NO 也有相应地降低作用,其中对 NO 的降低作用主要是将其氧化成 NO_2;而主动再生的 DPF 会增加 NO_x 的排放。主动再生的 DPF 可能增加 HC 排放,也可能降低。对利用 FBC 再生的,DPF 后 CO 会有所增加,而 NO_x 变化均不明显。此外,通过试验结果表明,加装 DPF 后,柴油机可降低排气出口处的噪声 10dB 左右。

由于捕集的颗粒物的氧化燃烧,在 DPF 再生过程中,其污染物的排放特性与正常捕集过程有所不同。尽管 DPF 种类不同,但大多数研究表明,不论通过发动机台架或者整车底盘测功机进行测试,再生过程中,PM 排放均有所增加。不过,对究竟主要是哪一部分颗粒物的增加最终引起了 PM 排放的增加这个问题,尚未有统一的结论,如同样针对 CDPF,PM 排放增加主要是由于核态颗粒物增加引起的,一些研究结果表明 PM 排放增加的主要部分是粒径大于 100nm 的积聚态颗粒物。对 PN,虽然这些研究均表明了再生过程中较再生前 PN 有所增加,但其增加的幅度从 25% 增加了 1~2 个数量级不等,同时,再生完成以后,其 PN 排放有可能较再生时更多。需要值得注意的是,一些研究观测到再生过程中,会有大量超细粒径颗粒物(20nm 左右)排出。需要指出的是,由于 DPF 后 PM 或 PN 的浓度大幅降低,对加装 DPF 后的柴油动力机械进行 PM 或 PN 测量,本身有一定的困难和较大的不确定性。此外,在再生阶段,CO、HC 及甲醇排放增加幅度较大,而对使用后喷或者二次喷油器方法进行再生的 DPF,SO_2 的排放也有所增加。

5. 微粒捕集器的实际应用及其环境效应

由于 DPF 在实验室测试中展现出的良好效果,目前很多国内外的环境保护及监管机构都在大力推广 DPF 在新生产的以及在用的柴油机械上的应用。自 2007 年以来,美国所有的新生产的道路机械几乎都装有 DPF,同时实施清洁校车计划,对校车加装 DPF。法国、英国、西班牙等国家也已对公交车进行 DPF 改造。自 2000 年 9 月开始,香港对所有欧Ⅰ以前的柴油车加装 DPF。2005 年,北京开展了"北京市柴油公交车排放改造项目",对国Ⅰ或者国Ⅱ的公交车辆进行 DOC 和 DPF 相关改造。2013 年,我国环保部与瑞士方面合作展开了"DPF 在中国在用柴油机改造适用性评估"项目,在北京、南京、西宁和厦门等城市对 40 余辆柴油机械进行推广在用柴油机 DPF 改造的前期试验性评估。

由于实验室测试受到试验条件限制,无法较好的模拟 DPF 在实际应用中的情形,因此利用便携式排放测试系统(Portable Emission Measurement System,简称 PEMS)进行实际道路测试,是近年来研究人员对 DPF 实际应用效果进行评价的主要手段。我国研究人员对 DPF 在柴油车上进行实际应用效果评估的结果表明,各类 DPF 在道路柴油机械上的实际过滤效率,绝大多数都能达到 90% 以上,当装有 DPF 的柴油车行驶 3 万 km 以上时,除个别 DPF 效率下降超过 20% 以外,其余 DPF 的效率仍能保持在 80% 以上;在非道路机械上的应用效果更为明显。国外相关研究也证实了 DPF 在实际应用中能够保持和在实验室测试中相同水平的高效。由于达到欧Ⅴ(或国Ⅴ)的方法通常包括 SCR 技术路线和 DPF 技术路线两类,选用 DPF 技术路线时也通常会使用 EGR 等方式降低 NO_x,因此一些研究也注重对比这两类技术路线在实际应用中对环境的影响。但是,目前的研究对此问题尚存有分歧。一些对汽车排放因子的相关研究表明,相较于 SCR 技术路线,采用 DPF 技术路线的柴油车在 PM 排放因子上能有 34%~70% 的降低,气态污染物中仅 CO 有明显升高。通过进一步研究表明,在实际应用中,采用 DPF 技术路线的柴油车在颗粒物的各个粒径范围内的排放均比采用 SCR 技术路线时要低,而不仅仅体现在宏观排放因子上。但巴西和印度两国对排放因子的研究却认为,两者在 PM 排放因子上并没有显著差异。对 PN,采用 DPF 技术路线时,颗粒物中的过渡金属元素含量可能会升高;对颗粒物进入人体呼吸系统的模拟结果也表明,现有证据不能断定采用 DPF 技术路线时,其颗粒物的生物学毒性就会比采用 SCR 技术路线时小。

(1)灰分的主要来源及其形貌特征

灰分是指残留在 DPF 内,在再生过程中不能完全燃烧的部分。一般认为,DPF 内的灰分主要来源于发动机磨损及腐蚀、燃油中的微量金属、燃油添加剂及润滑油,其中,润滑油是最主要的来源,约占 90%(质量分数)。基于这个研究结果,在实验室中专门研究灰分中来源于润滑油的部分,可使用掺烧润滑油或者外置加速消耗润滑油的系统来进一步提高 DPF 内润滑油灰分的比例。DPF 内的灰分含量与润滑油消耗率直接有关,灰分含量与累计润滑油消耗量高度线性相关(相关系数达 0.9975)。需要说明的是,润滑油中的灰分最终只有一部分沉积到 DPF 中,据国内外研究结果表明,其比例大概只有 20% ~ 70%,其余部分可能在活塞及燃烧室壁面、排气管壁面、机油滤清器、油底壳等地方附着,或者因蒸发而损失。

对于 DPF 灰分的成分,除氧(O)外,钙(Ca)、磷(P)、硫(S)、镁(Mg)、铁(Fe)、锌(Zn)等元素在一些灰分样本中占有较大比例,这些元素主要以硫酸钙($CaSO_4$)、磷酸锌($Zn_3(PO_4)_2$)、磷酸铁($FePO_4$)、磷酸钙($Ca_3(PO_4)_2$)及钙、镁、锌的硫化物的方式存在;此外,还有部分灰分样本能检验出少量铝(Al)、铬(Cr)、镍(Ni)、铜(Cu)、锰(Mn)等元素及来源于 DPF 的堇青石成分、Pt/Pd 成分等。灰分的微观形态及其组分分布如图 4-13 所示。灰分的元素对灰分的形貌特征有所影响,经研究表明,含 Ca 添加剂的润滑油形成的灰分,其微观尺寸较小,而含 Mg 添加剂的润滑油形成的灰分,其微观尺寸较大。当润滑油中添加了二烷基二硫代磷酸锌添加剂后,其灰分的微观形态特征为分枝型的。

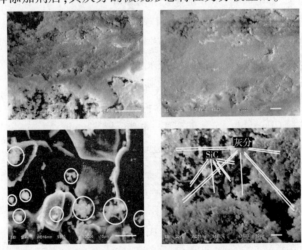

图 4-13   实际灰分的微观形态及其组分分布

(2)灰分层形成过程的相关研究

除在 DPF 过滤体内部微孔中沉积的灰分外,灰分以两种形式在入口孔道内沉积,即形成灰分层的形式及积聚在孔道堵头处的形式。灰分多数呈现空腔壳的形式,灰分层形成后,与过滤壁面会出现明显的分界,此时 DPF 捕集颗粒物时,颗粒物并不会进入灰分层的内部,沉积层与灰分层之间也会形成明显的分界。这个现象的宏观表现为形成灰分层所需的颗粒物捕集量(BSC Point)随灰分的增加而降低。关于灰分层和堵头灰分是如何形成的,使用主动再生的 DPF,灰分的微观尺寸更大,且更倾向于在堵头处堆积,而使用被动再生的 DPF,灰分的微观尺寸较小,且更倾向于形成灰分层;在宏观性质上,堵头处的灰分较灰分层的渗透性更好。主动再生时,一次性燃烧的颗粒物的数量较多,易形成较大的颗粒物群,这些颗粒物群易从 DPF 表面脱落,从而积聚在堵头处。通过进一步研究,利用可视化技术对 CDPF 再生过程进行观测,在 600℃时,发现即便没有排气流的影响,原本连续的颗粒物沉积层龟裂成不同大小的块状颗粒物群,这些颗粒物群随后向孔道内部方向积聚成大块颗粒物群。这是由于颗粒物群之间的吸引力引起的,颗粒物之间、灰分之间及颗粒物和灰分之间的吸引力随着颗粒物、灰分体积的增大而增大,颗粒物与 DPF 之间、灰分与 DPF 之间的吸引力随着颗粒物、灰分体积的增大而减小。因此,再生过程中的大颗粒物,会因为与其他颗粒物的吸引力而从 DPF 表面脱离并积聚在一起。但我们还不能明确地说,大颗粒物群被氧化后,必然形成大块的灰分。

此外,温度对灰分的大小有重要的影响,在极端情况下,高温处理后的灰分大小能增长179%。在再生时已存在的灰分,会烧结形成更大的灰分。从这些文献中,我们可以将 Ishizawa 的观测结果解释为,主动再生一般在高温下进行,形成的灰分较大,而被动再生的再生温度一般较低,形成的灰分较小。由于较小的灰分与壁面的吸引力较大,所以较易附着在壁面上形成灰分层。

灰分的积聚过程并不能完全描述堵头灰分的形成,对灰分是如何迁移到堵头处的,到此为止并不能给出答案。对多孔介质表面微粒迁移的基础性研究认为,微粒在过滤壁面主要受浮升力、气流推力、重力和壁面吸引力。显然,增大气流推力或者减小壁面吸引力,均会使微粒有脱离表面的倾向。根据对灰分的迁移过程的初步描述,他们发现,当颗粒物沉积量较大时,再生会导致部分颗粒物被氧化,因此沉积层很不稳定,会有大块颗粒物从沉积层中脱落并被气流推至 DPF 后部。进一步研究表明,灰分迁移过程有两种机理,即再生迁移和气流迁移。再生过程中颗粒物与壁面的接触面积不断减小,导致壁面吸引力减小,大块颗粒物堆积在 DPF 后部氧化形成堵头灰分。此外,在 DPF 工作过程中,如果气流增大,则推力增大,大块颗粒物或者已形成的灰分会随之向 DPF 后部迁移形成堵头灰分。

(3)关于灰分的其他问题的相关研究

关于灰分能否引起 DPF 失效的问题,除 CeO_2 外,如果 SiC-DPF 中混入常见的灰分成分,在1100℃的条件下,SiC-DPF 样本才会有变色、凹陷、出现孔洞等现象;但如果空气中含有10%的水,或者样本中再混入碱金属元素,在 800~900℃ 的条件下会有上述现象。对堇青石DPF,在900℃以上时,DPF 会受灰分的影响发生相变。因此,在一般的工作条件下,DPF 不大可能因为灰分的原因失效。

灰分的存在会显著降低 DPF 的渗透性,提高发动机的排气背压。根据对背压—碳载量曲线呈现典型深床—滤饼捕集特征的 DPF,当 DPF 内积累了一定的灰分后,新的背压—碳载量曲线直接呈现滤饼捕集的特征。灰分影响排气背压的原因在于灰分占据了孔道的内部空间,并且灰分的存在改变了排气流动的状态。灰分沉积对排气背压的影响,不如颗粒物的沉积对排气背压的影响大。就影响程度而言,前者约为后者的 1/4~1/2。此外,DPF 中有无灰分,对沉积层的沉积密度、渗透率等方面均有一定影响。关于堵头灰分对排气背压的影响较灰分层对排气背压的影响更小的结论,这两者中究竟哪种沉积方式对排气背压影响更小,需要依据灰分及 DPF 的具体物理参数决定。同时他们发现,如果灰分层的高度不足孔道宽度的11%,灰分层对排气背压的影响可以忽略。此外,他们灰分对过滤效率的影响作了数值模拟的研究,发现灰分有助于提高过滤效率,特别是对积聚态的颗粒物;其中灰分层的比例增大,有助于进一步提高过滤效率。

灰分的存在对颗粒物氧化过程也有所影响。DPF 内积聚了灰分时,主动再生的频率需要提高,再生最高温度上升;堵头灰分比例增加,有助于降低再生温度及再生温度梯度。汽油机颗粒物的氧化过程受颗粒物中灰分含量的影响,发现灰分有助于促进汽油机颗粒物的氧化;其中,润滑油等在燃烧室中直接燃烧形成的灰分(又称燃烧灰分)的催化作用最强,而未燃烧直接附着在颗粒物上的润滑油(又称未燃灰分前体)几乎没有催化作用;当它们附着在排气管壁后被排气氧化形成灰分时,具有较弱的催化作用,对颗粒物氧化过程后期有明显的促进作用。灰分层对 CDPF 再生的影响,通常认为灰分层会阻隔颗粒物与催化剂从而使催化剂失效,通过分层实验模拟 DPF 发现,即便存在灰分层,在灰分层厚度不足 $100\mu m$ 时,灰分层依然表现了一定的催化作用,因此,CDPF 存在对颗粒物的"远程氧化"作用,他们认为其原因在于催化层形成的 O_2^- 离子在一定程度上有穿透灰分层的能力。

在柴油中添加生物柴油,对灰分的性质及颗粒物的氧化过程有所影响。生物柴油显著地提高了 DPF 中的灰分含量,尤其是 Ca 和 S 的化合物。以生物柴油作为燃料时,堵头灰分的比例有增大的趋势。燃用生物柴油时,灰分有助于降低颗粒物氧化过程的最高温度,但灰分层形成后,会使 DPF 的再生性能恶化。

近年来,作为一种有代表性的方案,在柴油中加入铈(Ce)的添加剂,使燃烧产生的微粒中含有 Ce 的化合物,由此将微粒的自燃温度降到300℃以下,可以在柴油机绝大部分工况下自动进行再生。但是这种方法还存在一些问题,如添加剂用量较大,成本较高,金属铈(Ce)的氧化物会残留在微粒捕集器内造成慢性堵塞等。为保证低负荷时排气温度不至于过低,还要同时采用进气或者排气节流、喷油提前角推迟等方法。尽管除 Ce 外的其他金属(如铜、铁和锰等)也有催化作用,但是一些研究结果表明,锰会产生新的有害排放物,铜的化合物容易残留在陶瓷滤芯上,因而应用不多。

6. 颗粒物氧化催化剂(POC)

由于柴油机颗粒物捕集器的上述问题,颗粒物氧化催化转换器是一种有效地降低颗粒物的解决方案。它可以有效地起到氧化并降低颗粒物的作用,颗粒物氧化催化转换器虽然是属于氧化催化转换器的范畴,拥有开放式的过滤结构,但是它有其独特的结构特点,一般为波纹网状式载体表面。DOC 和 POC 连用,被认为是重型柴油机满足目前排放标准的技术路线之一。市面上多数为 POC 和 DOC 做成一个整体,在前端集成了一小段 DOC,因此通常将 POC 认为是包含了 DOC 和后端的过滤体的一个整体,POC 结构较为简单,容易集成到排气系统当中,尺寸可变,质量相对较低,成本较低,并且基本可以免于后续维护程序,被国内众多发动机厂家所采用,应用较为广泛。

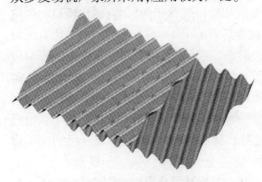

图 4-14 POC 载体结构图

颗粒物氧化催化转换器一般为采用连续再生方式,载体多为金属材料,POC 不会产生类似 DPF 被沉积的颗粒物堵塞的情况,它采用蜂窝状的直通式载体,并且上面布满带有孔隙的通道。POC 后端为类似 DPF 的过滤体,主要用来过滤颗粒物,一般是通过特殊设计的褶皱式的表面结构对排气中的颗粒物进行过滤,过滤体结构如图 4-14 所示。

连续再生方式大体可分为两种:一种是在

载体表面涂覆催化剂涂层,使其与捕集在过滤体内的颗粒物发生某种反应而消除;另一种是在柴油中加入某种添加剂,它们也会沉积在捕集器载体上并使得捕集器上颗粒物的燃烧温度大大下降,接近或达到正常排气温度,实现后处理器的自行再生。其中,国内 POC 多采用的是 NO_2—C 氧化反应再生法,由柴油机排出的废气经过一个氧化催化器,作用类似 DOC,其表面同样涂覆有贵金属涂层,NO 被氧化成 NO_2,反应公式为

$$2NO + O_2 \longrightarrow NO_2 \tag{4-8}$$

这种新生的 NO_2 具有很强的氧化活性,它在较低的温度条件下比 O_2 更容易氧化排气中的碳颗粒,能使 POC 中的颗粒物在较低的温度下就发生激烈的氧化反应。

$$2NO_2 + C \longrightarrow 2NO + CO_2 \tag{4-9}$$

POC 不需要考虑颗粒物堵塞载体的情况发生,但是由于其开放性结构,如果累积在载体内的颗粒物没有及时被氧化掉,或者没有被氧化完全,这些颗粒物存在着被排气直接带入大气中的可能性,从而发生异常的颗粒物排放。而且,由于其前端加装有 DOC,需要氧化排气中的 NO,形成 NO_2 来氧化颗粒物,因此 NO_2 也存在着逃逸出 POC 而直接排入大气的可能。

NO_2 和 NO 相比,它直接排入大气具有更强的毒性,可能导致臭氧的升高,虽然目前法规中对 NO_2 排放没有明确限制,经过贵金属氧化后 NO_2 占 NO_x 排放的比例在某些工况下会提高到50%,所以 NO_2 的排放问题应该得到足够的重视,不能解决了颗粒物的排放问题又引入了新的污染物。

国内外对于 POC 的排放研究并不多,国外关于加装 POC 对轻型柴油机与重型柴油机的排放影响的研究试验结果来自整车的 NEDC(New European Driving Cycle)试验循环以及发动机稳态工况,研究结果表明,DOC 部分较好地保证了 POC 的再生,并且颗粒物数量有50% ~61% 的降低,并且颗粒物粒径分布结果表明 POC 对较小粒径的颗粒物去除效果较好。其中,POC 对颗粒物中的 VOF 部分降低效果显著。在稳态工况试验下,POC 降低了约31% ~55% 的干炭烟。

POC 有出现颗粒物"吹出"的现象,但并未记录对这一异常颗粒物排放的相关数据及对其深入分析。POC 对于颗粒物数量可以降低约40%,而对于颗粒物质量降低约为65%。

POC 可以较好地降低颗粒物排放中的有机部分。但是国内外研究对于加装 POC 后的柴油机 NO_2 排放规律、异常颗粒物排放情况以及颗粒物中的 PAHs 排放特性等均未见相关报道。

JM 公司提出了一种不用添加剂的连续再生方法,由柴油机排出的废气首先经过一个氧化催化器,在 CO 和 HC 被净化的同时,将 NO 氧化成 NO_2,而 NO_2 本身是一种化学活性很强的氧化剂,在随后的微粒捕集器中,NO_2 与微粒进行氧化反应,使微粒的起燃温度降到200℃左右;当排温高于400℃时,NO_2 的生成量减少,不能使微粒捕集器中的微粒起燃,再生效率急剧下降。

综上所述,连续再生法与断续再生法相比,具有装置简单、无须耗费外加能量等优点。因此,带有连续再生的微粒捕集器目前被普遍看好,有望成为柴油机微粒净化的实用技术。

7. 静电式微粒收集器

柴油机排气微粒的72% ~88%(质量百分比)呈带电状态,这些电荷来源于燃烧过程,每个带电微粒带 1 ~5 个电荷,电荷有正有负,整体呈电中性,这一发现为利用附加电场对呈

带电特性的炭烟微粒实现静电吸附提供了可靠的科学根据。国内外对这方面进行了大量的科学研究工作,取得了一些显著成果。该技术的主要问题是设备体积大、结构复杂、造价高等,特别是其中的高压电源及其控制系统价格较高,另外该装置尺寸较大,在汽车上的安装困难,尚未实用化。

4.2.3 氮氧化物后处理技术

目前市场上主流的柴油机后处理技术是采用以 32.5% 的尿素水溶液为还原剂的 SCR 后处理系统,其工作原理是在特定催化剂的作用下,通过后处理系统的计量泵向柴油机尾气中喷射 32.5% 的尿素水溶液,经过一系列的化学反应,最终把柴油机排气中 NO_x 污染物还原成无毒无害的 N_2 和 H_2O 分子,由于尿素 SCR 后处理技术对 NO_x 净化效果比较显著,而且尿素水溶液易于储存,因此目前我国在柴油机尾气治理上主要采用 SCR 尾气后处理技术,但是 32.5% 的尿素水溶液自身存在理化缺陷,即低温超过 $-11℃$ 后会结冰,并且还存在长时间使用易结晶的缺陷。实际工作中,只有在温度达到 $700℃$ 以上时,NH_3 与尾气中的 NO_x 才能发生反应,但在催化剂的作用下,反应活化能得以降低,反应温度窗口可在 $300℃ \sim 400℃$ 之间,这样在正常柴油机排气温度下完全能够进行反应。SCR 系统中常用 Cu-ZSM-5、V-ZSM-5 和 V_2O_5/TiO_2 等作为催化剂。尽管 NH_3 作为还原剂,处理氮氧化物的效率很高,但考虑氨气的成本相对较高,NH_3 的泄漏也会对空气产生二次污染的危害,另外,NH_3 的添加装置在车上的安装而带来的问题都限制了 NH_3-SCR 技术在内燃机上的实际应用。综合考虑问题,在还原剂的选取上人们提出了用 32.5% 尿素水溶液来代替气态 NH_3,尿素水溶液在温度相对较高的条件下能水解和热解生成氨气,然后氨气与氮氧化物发生反应。

本章小结

对于发动机尾气后处理技术,在排放标准较低的阶段,一般通过缸内净化即可达到,但是随着排放法规要求越来越严格,仅依靠缸内净化已经难以满足,特别是对于柴油机,实施国Ⅵ标准以后,尾气后处理技术不断被应用到柴油机发动机上,以减少排气中的 PM 和 NO_x。

自测题

一、单选题

1. 可以降低柴油车颗粒物的后处理装置是(　　)。
   　A. SCR　　　　　　B. DPF　　　　　　C. 三元催化转换器　　　　　　D. FBC

2. 灰分是指残留在 DPF 内,在再生过程中不能完全燃烧的部分。一般认为,DPF 内的灰分最主要的来源是(　　)。
   　A. 发动机磨损及腐蚀　　　　　　　　B. 燃油中的微量金属
   　C. 燃油添加剂　　　　　　　　　　　D. 润滑油

3. 目前市场上主流的柴油机后处理技术是采用以尿素水溶液为还原剂的 SCR,其尿素的浓度为(　　)。

  A. 32.5%　　　　　　　　　　　B. 35.5%

  C. 45%　　　　　　　　　　　　D. 25.5%

二、判断题

1. 三元催化转换器可以同时降低 CO、HC、NO_x 的排放。   (　　)

2. DPF 中的灰分主要以未燃烧的碳为主,所以经过加热后,均可以烧掉。 (　　)

3. DPF 对 PM 或者 PN 均有较高的过滤效率,在绝大部分情况下能达到 90%,甚至能达到 99%。   (　　)

三、简答题

1. 颗粒物捕集器有哪些再生方式?

2. 简述汽油机颗粒捕集器(GPF)的特点。

3. 简述汽油机催化转换剂对 CO、HC、NO_x 等污染物的转化效率。

第5章　汽车排放控制法规和测量技术

导言

本章主要介绍汽车、发动机的排放控制法规和测量技术等内容。通过学习本章内容,力求使学生掌握机械识图的相关基础知识,为学生继续学习相关章节打下坚实的基础。

学习目标

1.认知目标

(1)理解相关国家的汽车标准及基本规定。

(2)掌握我国汽车、发动机的基本排放标准。

(3)掌握我国汽车、发动机排放标准的测试方法。

2.技能目标

(1)能够识别不同国家汽车排放检测的不同方法。

(2)能够正确识读我国 NEDC 的工况曲线。

(3)能够正确识读发动机测试工况图。

3.情感目标

(1)初步养成自觉遵守国家标准的习惯。

(2)培养一丝不苟、严肃认真的工作作风。

(3)增强空间想象能力和思维能力,提高学习兴趣。

5.1　汽车及发动机排放法规

为控制汽车的有害排放物对大气环境的污染,从 20 世纪 60 年代开始,世界上各主要发达国家和地区相继以法规形式对车用发动机排放物予以强制性限制。引领这一潮流的是汽车生产量和保有量最多的美国,然后是日本和欧洲各国。目前,各国排放法规中在对排放测试装置、取样方法、分析仪器等方面,都取得了一致,但在测试规范(车辆的行驶工况或发动机的运转工况组合方案)和排放量限值等方面仍有很大差异,我国正逐步等效采用欧洲的排放法规体系。

车用发动机的排放法规分轻型车与重型车两类,轻重的分界线各国不完全统一,通常情况下是指总质量在 3.5~5t 以下或乘员人数在 9~12 人以下的车辆为轻型车,在此基准之上则为重型车。轻型车的排放法规要求整车在底盘测功机上进行尾气排放测量,结果用单位行驶里程的污染物排放质量(g/km)表示。重型车的排放法规不要求进行整车排放测量,而只要求在发动机试验台上进行发动机排放测量,结果用发动机的比排放量[g/(kW·h)]表示。2015年,在美国发生了震惊中外的"大众排放门"事件,这一事件的发生,直接导致汽车的污染物排放测试逐渐从实验室认证测试过渡到实验室和实际道路均需要测试的阶段。

5.1.1 轻型车排放法规

美国联邦政府自1972年起使用LA4—C工况实验循环(FTP—72),又称为冷起动工况实验循环。1975年,美国又在LA4—C实验循环的基础上增加了一段热起动实验,称为LA4—C/H实验循环(FTP—75),循环实验过程中汽车车速与时间的关系如图5-1所示。

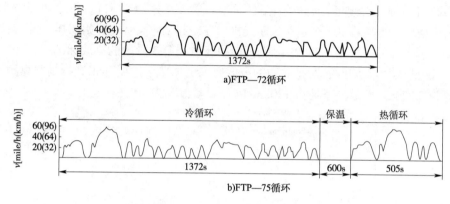

图 5-1 FTP—72 和 FTP—75 工况实验循环

按照这两种工况实验循环方式测量排气成分时,都使用定容采样系统(CVS)对排气进行采样。按照LA4—C工况实验循环实测实验时,被测试汽车需要在15.5℃~30℃的环境中停放12h后起动,然后按照规定的循环模式运转,最高车速达到91.2km/h,全程行走距离相当12km(7.5mile),历时1372s。从开始起动后到最后一次减速停车后505s以内的排气量用一个取样袋取样,称之为CVS-1采样。LA4—C/H工况的实验工况与LA4—C相同,即在运行1372s后,在室温下停机10min(称为保温),然后再起动运转505s。整个实验期间规定要使用三个取样袋:第一个取样袋用来收集冷起动后505s的排气,第二个取样袋用来收集其后867s期间的排气,第三个取样袋用来收集热起动后505s期间的排气。三个实验阶段的排放物和环境空气分别取样到三个取样袋后进行分析,并乘以不同的加权系数,其和即为总测试结果。冷态过渡工况阶段加权系数为0.43,稳定阶段加权系数为1.0,热态起动工况加权系数为0.57。两种循环测试中变速器挡位均置于最高挡。这两种工况实验的模式比较复杂,加速、减速变化很大,实验要求在能自动控制的汽车底盘测功机上进行。

表5-1所列是美国联邦1994年开始实行的轻型车排放限值标准,除颗粒排放外,该标准对汽油车与柴油车一视同仁。该标准要求汽车制造厂商对汽车运行16万km以内的排放都作保证。标准中对HC排放只限制NMHC(非甲烷类碳氢化合物),即对甲烷不限制。虽然甲烷对光化学烟雾(臭氧)生成影响很小,但它却是致暖势很高的温室气体,不限制甲烷排放,可能还是一个值得争议的问题。表5-1对应的FTP—75测试循环是在20℃~30℃下冷起动开始的。1994年排放标准还要求限制冷起动排放:从-6.7℃起动时CO不超过6.22g/km。

2000 年后这个限值将降到正常值 2.11g/km。

美国轻型车排放限值(g/km)　　　　　　　　　表 5-1

排放物 保证里程(km)	CO	NO_x①	NMHC	PT②
80000	2.11	0.25	0.16	0.03
160000	2.61	0.37	0.19	0.04

注:①按 NO_2 的分子质量计算得值;
　　②颗粒排放只适用于柴油机。

欧洲现行的轻型车排放测量循环由若干等加速、等减速、等速和怠速过程组成如图 5-2 所示。第一部分(ECE—15)由重复 4 次的 15 工况段构成,是 1970 年制定的,反映市内交通情况。1992 年起加上反映郊外高速公路行驶的第二部分(EUDC)。整个测试循环历时 1220s,包括循环开始时的 40s 冷起动怠速暖机。在冷起动 40s 后才开始取样,这样就没有考虑冷起动期间较高的排放量。2000 年后,开始执行欧洲第 3 阶段的排放标准中,取消了这段时间,排气测试从冷起动开始,对排放物的限值要求更加严格。循环相当行驶距离约 11km,平均车速为 32.5km/h,最高车速为 120km/h(小排量汽车为 90km/h)。

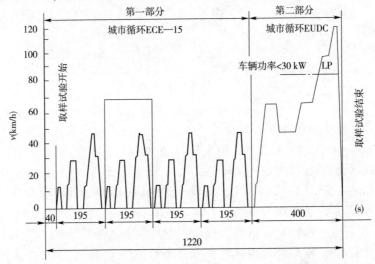

图 5-2　欧洲轻型车排放法规规定的 ECE-15 + EUDC 循环

表 5-2 所列是欧洲目前轻型车排放标准。1988 年,标准中把轻型车按发动机排量、汽车总质量和座位分类,分别规定排放限制。1992 年起,统一为一个限值,这样对小型汽车比较有利。

欧洲轻型车排放限值(g/km)　　　　　　　　　表 5-2

法规	生效日期	汽油机			柴油机			
		CO	HC	NO_x	CO	HC	NO_x	PT
欧洲Ⅰ	1992 年	2.72	0.97		2.72	0.97		0.14
欧洲Ⅱ	1995 年	2.2	0.50		2.2② 1.0③	0.50② 0.90③		0.08② 0.10③

续上表

法规	生效日期	汽 油 车			柴 油 机			
		CO	HC	NO$_x$	CO	HC	NO$_x$	PT
欧洲Ⅲ	2000 年	2.3	0.2	0.15	0.64	0.56	0.50	0.05
欧洲Ⅳ	2005 年	1.0	0.1	0.08	0.50	0.30	0.25	0.025
欧洲Ⅴ	2008							
欧洲Ⅵ	2013							

注:①表中所列数值为新车型形式认证限值,对新产品一致性质量检验限值为表列值的 1.2 倍。

　　②非直喷式柴油机。

　　③直喷式柴油机。

从 20 世纪 80 年代开始,为打破世界各国间汽车技术法规壁垒,国际上在法规制定层面开始进行合作。1998 年,由美国、欧洲和日本三方共同提出《关于对轮式车辆、可安装和/或用于轮式车辆的装备和部件制定全球性技术法规的协定》,我国于 2000 年加入该协定。在 UN/ECE 框架下,全球统一轻型车测试规程(Worldwide Light- duty Test Procedure,简称 WLTP)于 2012 年 3 月,开发工作组正式提出了全球统一轻型车测试循环(Worldwide Light-duty Test Cycle,简称 WLTC)。

WLTC 根据"短行程 + 速度分类 + 累计频率和卡方检验"的方法构建行驶工况,是典型的瞬态工况。基础数据库的数据采集量非常庞大,欧盟(包括瑞士)、美国、日本、韩国及印度均提供了实际道路行驶数据。WLTC 根据车辆比功率(PMR)的不同,将轻型车分为三类,制定了三类行驶工况:第一类工况,适用 PMR≤22kW/t(低比功率)车辆,循环时间 1022s,包含两个速度段(低速、中速);第二类工况,适用 22kW/t < PMR≤34kW/t(中比功率)车辆,循环时间 1477s,包含三个速度段(低速、中速和高速);第三类工况适用 PMR > 34kW/t(高比功率)的车辆,也是适用范围最广的工况,循环时间 1800s,包含四个速度段(低速、中速、高速和超高速),其工况循环曲线如图 5-3 所示。

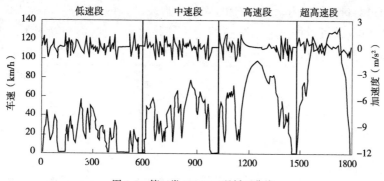

图 5-3　第三类 WLTC 工况循环曲线

欧盟从欧Ⅵc 开始采用 WLTC,若 WLTC 能实现其开发目标,即被世界各国接受作为新车型式认证试验的一部分,无疑会为全球整车厂及零配件供应商的研发提供极大的便利。WLTC、NEDC 和 FTP75 循环的特征参数对比见表 5-3,由表可知,WLTC 的行驶里程和行驶时间最长,平均速度及最高车速均大于其他两个工况,最大加速度和最大减速度与 FTP75 相当,正向加速度 RPA 的值介于 NEDC 和 FTP—75 之间。

WLTC、NEDC 及 FTP—75 工况循环特征参数　　　　表 5-3

特 征 参 数	NEDC	WLTC	FTP—75
里程(km)	11.007	23.26	11.99
时间(s)	1180	1800	1369
平均速度(km/h)	33.59	45.52	31.52
最大速度(km/h)	120	131.3	91.2
最大加速度(m/s²)	1.042	1.583	1.542
最大减速度(m/s²)	−1.389	−1.486	−1.486
RPA(m/s²)	0.112	0.153	0.171

5.1.2　重型发动机排放法规

虽然从理论上讲重型车也可以使用汽油动力,但从燃油经济性考虑,全世界的重型车基本上都使用柴油动力。下面简要介绍重型、中型车用柴油机的排放法规。

美国从 1974 年起用 13 工况法测试重型车用柴油机的排放,1984 年起改为瞬态法。柴油机以出厂状态安装在试验台上,一个瞬态控制计算机每秒一次给出规定的转矩和转速,并进行相应的取样和测量。每循环历时 20min,工况模拟美国纽约和洛杉矶高速公路的交通情况,平均车速 30km/h 左右,相当于行驶距离 10.3km。排放限值见表 5-4。

美国重型车用柴油机排放限值[g(kW·h)⁻¹]　　　　表 5-4

生 效 日 期	CO	HC	NOₓ	PT
1994 年	20.8	1.74	6.7	0.13
1998 年	20.8	1.74	5.4	0.13

欧洲现行的重型车用柴油机排放测试循环为 ECE R49 13 工况法如图 5-4 所示,它由标定转速和最大转矩转速的各五个负荷点以及三次急速工况共 13 个工况点所组成,测量在稳态下进行。通过对进气流量和燃油流量的测量求得发动机的排气流量,乘以测量得到的各种排气污染物浓度,就可以得出该工况下的排放量和比排放量;再乘以该工况的加权系数,按工况累加,得到在标准测试循环下的比排放量指标。

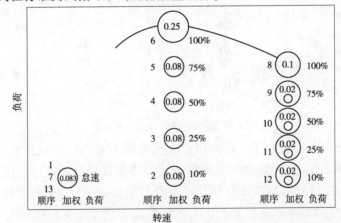

图 5-4　ECE R49 13 工况法标准测试循环的工况点和加权系数

从 2000 年开始实行的欧洲Ⅲ标准将对上述 13 工况做些修改,称为欧洲稳态标准测试循环(ESC),如图 5-5 所示。为了防止利用电控系统作弊,排放考核时可以再任选三个工况来考核系统的一致性。

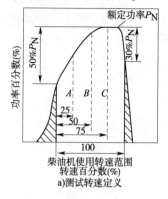
a)测试转速定义

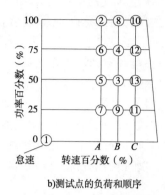
b)测试点的负荷和顺序

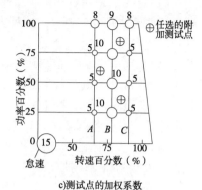
c)测试点的加权系数

图 5-5 欧洲稳态标准测试循环(ESC)

欧洲 ESC 循环还包括一个动态烟度试验(ELR),在 A、B、C 三个转速下,把加速踏板从 10%负荷开始突然加到最大,用透光式(或称透光式)烟度计测量这个过程烟度的最大值,考核人员可以在转速 A、B 之间任意增加一个测试点。

对于使用先进的排气后处理技术(如颗粒捕集器或降低 NO_x 的催化系统)的重型车用柴油机和气体燃料发动机,欧洲Ⅲ标准中还要求加试一个欧洲瞬态循环(ETC),以便检验排气后处理系统的动态性能。ETC 历时 30min,分别模拟 10min 市内街道行驶、10min 农村公路行驶和 10min 高速公路行驶。

5.2 排气污染物的检测方法

正确测定排放有害物的含量是当前研究发动机排放有害物及其控制的一项重要内容。

1. 与污染物检测相关的三个方面

目前各国制定汽车排放法规时除了规定实验工况外,对采样方法和检测仪器均有严格的规定,这是因为汽车排放法规中规定物质的含量测定正确与否实际上与以下三个方面有关。

(1)发动机的试验工况

由于发动机的运转工况(如转速、负荷、温度等)的改变都会影响排气中各种成分物质含量的变化,因此,各国在制定排放标准时都同时规定了试验规范。

(2)采样系统

由于目前排放法规限制标准所规定的有害气体成分的浓度较低,在采样过程中,排气在管路中的凝聚和吸附现象所造成的损失以及排气成分本身的变化等都将影响所测量排放物含量的准确性,所以,必须要有正确采集排气样气的采样系统。

(3)分析仪器的精度

由于所测气体浓度低,共存成分的相互影响大,要求各种分析仪器具有良好的抗干扰性能,并具有最大的灵敏度。

2. 污染物检测方法

汽车排放污染物的检测,从实验方法上划分,主要有怠速法和工况法两种。

(1)怠速法是测量汽车在怠速工况下排气污染物的方法,一般仅测量 CO 和 HC,测量仪器采用便携式排放分析仪。这种方法具有简便易行、测量装置价格便宜和便于携带、检测时间短等优点。其缺点是测量结果缺乏全面代表性。怠速法可作为环保部门对在用车的排放检测,以及汽车修理厂对车辆的排放性能和发动机是否正常工作进行简易评价的方法。

(2)工况法将汽车若干常用工况和排放污染较重的工况组合在一起进行污染物排放测量,以期全面的评价车辆排放水平。目前,世界上排放法规主要有三个体系,即美国、日本和欧洲体系。其他各国基本是在美国和欧洲法规的基础上制定本国的排放法规。

与怠速法相比,工况法的检测结果可以比较全面地反映汽车排放水平,一般用于新车的认证许可检测和出厂抽查检测,但其试验设备的价格往往是怠速法的 100 ~ 200 倍。

5.2.1 直接取样方法

直接采样法是一种简单易行的应用比较广泛的采样方法。直接采样方法就是将测量探头插入发动机的排气管内直接采集一部分排气的方法,如图 5-6 所示。所采样气经过过滤器、冷却槽和泵,然后引入分析仪中进行气体分析。采样探头,如图 5-7 所示,探头内径约为 4 ~ 6mm 的不锈钢管或铜管。探头前端封死,管壁开有若干小孔(孔径为 2 ~ 4mm)。采样时将采样探头直接插入发动机的排气管中,并用气泵将汽车排气的一部分抽出送入分析仪进行分析。如果使用连续气体分析仪,直接采样法可以连续分析汽车排气在各种状态下瞬时变化情况。直接采样法作为标准采样法,现在已被广泛应用于重型车用发动机台架试验以及怠速法测量。

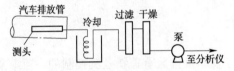

图 5-6 直接采样法流程图   图 5-7 采样探头

直接采样法存在以下问题:采样管路的吸附现象会引起测量误差,为了除去样气中的水蒸气,在采样系统中需要装有冷凝器等装置,但是冷凝的结果又容易使排气中高沸点的物质凝聚。由于冷凝器的工作温度不同,所测得的碳氢化合物浓度就会有所变化。另外,由于管路的吸附作用以及排气中一些成分溶解于凝结的水中等原因,容易产生测量误差。为了防止碳氢化合物等成分在采样管中的凝聚和吸附现象的发生,可将较低浓度试样管路分开,并加热管路系统,在测量汽油机排气中碳氢化合物含量时,可以加热到140℃,而柴油机排气所含高沸点的碳氢化合物较多,须加热到200℃以上。

采用直接采样法时所测得的排气各成分的浓度,需要换算成汽车单位行车距离排出的有害气体重量,其计算比较复杂。

5.2.2 稀释取样方法

一般排气成分分析仪都是测量该成分在排气中的浓度,然后根据排气流量测算出该成分的总排量。这在发动机稳定运转状态下是比较容易实现的。在非稳定状态下,理论上可把测得的浓度曲线和排气流量曲线对时间积分计算总量。但实际上,由于排气管压力随工况而变,取样系统和测量仪器动态响应滞后的不同以及样气的混合浓度曲线不能再现发动机排放时间特性等原因,易造成很大误差,于是采用测量平均值的方法解决问题。最直观的办法就是把一个标准测试循环中的所有排气收集到气袋中,然后测量浓度和气量,算出循环总量。这种办法需要很大的气袋收集排气,很不方便。

现在世界各国的排放法规都规定用定容取样(CVS)系统取样,图5-8是一个典型的CVS系统简图,其发动机的全部排气都排入稀释风道(DT)中,用经过稀释空气滤清器(DAF)过滤的环境空气稀释,形成恒定容积流量的稀释排气。测试时的情况模拟了汽车排气尾管出口处排气在环境空气中的稀释情况。这时流入稀释排气取样袋的气样中含有的污染物量与排气污染物总量的比例保持不变。于是测试循环结束后,测量气袋中各污染物的浓度,乘以CVS系统中流过的稀释排气总量,就可以得到发动机在测量过程中各污染物的总量。

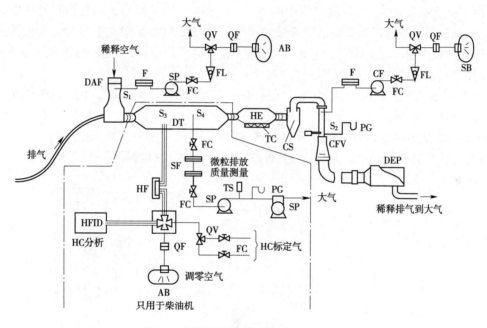

图5-8　采用临界流文杜里管的定容取样系统

AB-稀释空气取样袋;CF-累计流量计;CFV-临界文杜里管;CS-旋风分离器;DAF-稀释空气滤清器;DEP-稀释排气取样泵;DT-稀释风道;F-过滤器;FC-流量控制器;FL-流量计;HE-换热器;HF-加热过滤器;PG-压力表;QF-快速接头;QV-快动作阀;$S_1 \sim S_4$取样探头;SB-稀释排气取样袋;SF-测量颗粒排放质量的取样过滤器;SP-取样泵;TC-温度控制器;TS-温度传感器

CVS系统的总流量可用下列两种办法来确定:①计量一个容积式泵的总转数(PDP系统),只要泵转速一定,总流量就不变;②让稀释排气流过一个处于临界流动状态的文杜里管(CFV系统),只要文杜里管一定,总流量就不变。PDP系统可使流量无级变化,但结构庞大,且质量流量受温度影响较大,现已不常用。CFV系统质量流量受温度影响较小,并且结构相对简单,不过改变总流量需更换文杜里管,只能有级的改变系统总流量。

稀释排气取样袋 SB 的材料应保证各排气成分在放置 20min 后浓度变化不超过 2%，一般用聚乙烯/聚酰胺塑料或聚碳氟塑料薄膜制成。

为保证排气与稀释空气均匀混合，要求稀释风道 DT 中的气流满足 $Re \geqslant 4000$，且取样探头 S_3、S_4 距排气与空气混合口在风道直径 10 倍以上。

定容取样法是一种接近于汽车排气扩散到大气的实际状态的取样法，它是用经过滤清的清洁空气对样气进行稀释，经热交换器保持恒温（±5℃），使稀释样气密度保持不变，然后在定容泵作用下，抽取固定容积流量的样气送入大气，在定容泵入口的流路上，将稀释样气经滤清器、取样泵、针形阀、流量计、电磁阀抽入气袋。取样气体和定容泵的流量之间有严格的比例关系。

由于有足够的稀释，可以遏制各排气成分之间的相互作用，防止水蒸气凝结，但过分稀释，稀释样气中的污染物的浓度太低则会带来测量分析灵敏度不够等问题，一般规定采用 8 倍以上的稀释度，选用 $8.5 \sim 10 \mathrm{m^3/min}$ 的定容泵，对大多数汽车都可以进行足够的稀释。

由于排气稀释度较高，环境空气中微量的 HC、CO 和 NO_x 都会影响到稀释排气中的成分，造成测量误差。所以需要用活性炭层的空气滤清器吸附稀释空气中的 HC，要求做到引入的稀释空气中 HC 浓度低于 15×10^{-6}。同时在排气取样测量时，收集一袋稀释用的环境空气，以便修正由环境空气引起的误差。

由于 CVS 法测试精度高，所以被广泛应用于美国、日本以及欧洲 ECE15—04 法规以后的试验规范中，定容取样法有 CVS—1 和 CVS—3 两种系统。CVS—1 只用 1 个取样袋，用于美国 LA—4C 试验规范。图 5-9 所示的 CVS—3 取样系统用 3 只气袋，用于美国 LA—4CH 试验规范，试验时分别对冷启动、稳定行驶、热启动阶段的三次取样。

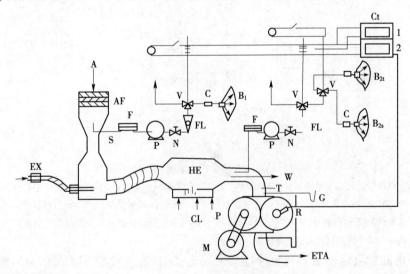

图 5-9　CVS-3 取样系统

AF-空气滤清器；EX-空气入口；F-颗粒过滤器；ETA-排入大气；HE-热交换器；P-泵；N-针形阀；CL 冷却介质；
FL-流量计；V-电磁阀；M-电动机；B_1-稀释用空气取样袋；T-温度计；B_{2t}-"瞬时"排气取样袋；G-压力计；
B_{2s}-"稳定"排气取样袋；R-转数计；W-连续分析器用出口；Ct-计数器；A-稀释空气

测量柴油机时，因为 HC 较重有可能在样气袋中出现冷凝，所以需要对 HC 进行连续分析，稀释排气需要采用加热到 190℃ 的采样管输送到分析器，并用积分器计算测试循环时间内的累计排放量。柴油机的测试还包括颗粒排放量的测量，所以还需要有一个由流量控制器 FC、颗粒过滤取样器 SF、取样泵 SP、积累流量计 CF 组成的颗粒取样系统。

5.3　排放物主要测量仪器设备

5.3.1　不分光红外线吸收型分析仪

NDIR 的工作原理基于大多数非对称分子(不同原子构成的分子)对红外波段中一定波长具有吸收能力，其吸收程度与气体浓度有关。如 CO 能吸收波长 $4.5 \sim 5\mu m$ 的红外线，CO_2 能吸收 $4 \sim 4.5\mu m$ 的红外线，CH_4 能吸收 2.3、3.4、$7.6\mu m$ 的红外线。

目前常用的 NDIR 构造如图 5-10 所示。从红外光源发射的红外线经过旋转的截光盘交替地投向气样室和装有不吸收红外线的气体(如氮)的参比室，然后进入检测器。检测器有两个接收气室，由作为可变电容器极的铝箔薄膜隔开，两个气室中都充有被测气体。当气样室中的被测气样浓度变化时，两个接收室接收的红外辐射能的差别也变化，因而造成压力差的变化。由截光盘造成的周期性压力变化使可变电容器的电容量周期变化，成为仪器的输出信号。

为了防止其他气体对被测气体测量的干扰，可在光路上设置滤波室，滤掉干扰气体能吸收的波段。如分析 CO 的 NDIR，在滤波室中充以 CO_2、CH_4 等，在分析时就不受排气中 CO_2、CH_4 成分的干扰。同样，分析 CO_2 的 NDIR，要在滤光室中充以 CO、CH_4。

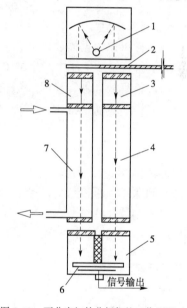

图 5-10　不分光红外分析仪的工作原理
1-红外光源；2-截光盘；3、8-滤波室；4-参比室；5-检测室；6-电容器薄膜；7-气样室

5.3.2　化学发光分析仪

用 CLD 测量 NO 的原理基于它和臭氧 O_3 的反应：

$$NO + O_3 \longrightarrow NO_2* + O_2 \tag{5-1}$$

$$NO_2* \longrightarrow NO_2 + hv \tag{5-2}$$

当 NO 与 O_3 反应生成 NO_2 时，大约有 10% 处于激态(以 NO_2* 表示)，这种激态 NO_2* 返回激态 NO_2 时发射出波长 $0.59 \sim 3\mu m$ 的光，其强度与 NO 量成正比。为了避免其他气体成分对测量的干扰，检测器通过滤光片只记录波长 $0.6 \sim 0.65\mu m$ 的光。CLD 原理如图 5-11 所示。

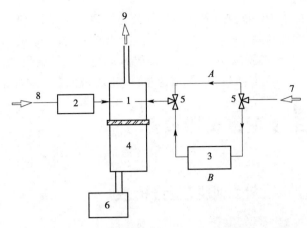

图 5-11　化学发光分析仪的工作原理

1-反应室；2-臭氧发生器；3-催化转换器；4-光电倍增管检测器；5-转换开关；6-信号发生器；7-气样入口；8-氧入口；9-反应室出口

气样可以根据需要由通道 A 或 B 进入反应室。通道 A 直接通向反应室，在那里气样中的 NO 和臭氧发生器中产生的 O_3 进行反应，发出的光经滤光片由光电倍增管检测器接收，并通过信号放大器转换成测量信号。这个通道只能测量气样中 NO 的浓度。

气样通过通道 B 时，气样中的 NO_2 将在催化转化器中按反应式：

$$2NO_2 \longrightarrow 2NO + O_2 \tag{5-3}$$

转化成 NO，然后进入反应室。这样仪器测得的是 NO 与 NO_2 的总和 NO_x。为使 NO_2 能全部转化成 NO，催化转化器中的温度必须在 650℃ 以上。实际测量中常会出现 NO_2 测值过低的问题。原因一般有两个：一是催化剂的老化，二是 NO_2 可能溶解在冷凝水中。因此，在 NO_2 浓度较高的排放测量中，必须将取样系统加热到冷凝点以上。CLD 使用中要经常检查 $NO_2 \longrightarrow NO$ 的转化效率。

5.3.3　氢火焰离子化分析仪

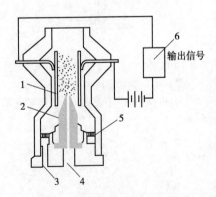

图 5-12　氢火焰离子化学分析仪燃烧器构造

1-离子收集器；2-燃烧嘴；3-助燃空气入口；4-H_2 和待测气体入口；5-空气分喷栅；6-信号放大器

氢火焰离子分析仪的原理是利用碳氢化合物在氢火焰 2000℃ 左右的高温中燃烧时，会离子化成自由离子，离子数基本上与碳原子数成正比。在 FID 中，待测气样与氢混合后进入燃烧器，如图 5-12 所示。在缺氧的氢扩散火焰中，HC 分解出离子，在 100～300V 电压作用下形成离子流，通过对离子流的测量，就可测得碳原子的浓度。

FID 不受样气中有无水蒸气的影响，但受样气中氧的干扰。这种干扰可采取两种措施减小：一是用 $40\% H_2 + 60\% He$ 的混合气代替纯 H_2，二是用含氧量接近样气的零点气和量距气进行标定。

不同 HC 的分子结构对 FID 的响应有影响。FID 显示的 C 原子数对实际 C 原子数之比，对烷烃不低于0.95,对环烷烃和烯烃一般不低于0.9,对芳香烃特别是含氧有机物(如醇、醛、醚、酯、酸等),响应偏离较大。

由于高沸点的 HC 在取样过程中会凝结,为避免这一点,测量柴油机排出的 HC 时,要用加热管路和加热式氢火焰离子化分析仪(HFID)。

5.3.4 气相色谱仪

气相色谱仪(GC)是利用色谱柱分离(定性)、用检测器检测(定量)分析微量混合气试样的方法。GC 的示意图如图 5-13 所示。

GC 法是将氢、氦、氩、氮等气体作为载气(又称移动相),将混合气样品注入装有填充剂(又称固定相)的色谱柱里。试样的组分,由于对固定相亲和力(如吸附性或溶解性)的差异,在载气的推动下得到了分离。亲和力弱的组分,很难被吸附或溶解到固定相上,首先流出色谱柱;反之,亲和力强的组分流出较晚。

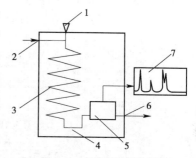

图 5-13 气相色谱仪示意图
1-试样注入口;2-载气入口;3-色谱柱;4-温控槽;5-检测器;6-气体出口;7-色谱图记录仪

在色谱柱的出口装有检测器,例如,热导率检测器(TCD)和氢火焰离子化检测器(FID)等,可输出与被分离组分数量相对应的信号,在记录仪上以色谱峰形式记录下来。从注入试样开始到出现色谱峰顶点为止的时间成为滞留时间或解析时间,在测试条件相同时,试样中每一组分的滞留时间是一个定值。所以,可以根据滞留时间来定性分析试样中所含每一组分。此外,色谱峰的面积与对应组分的含量成正比,因而可据此进行定量。

GC 特别适合于分析汽油、柴油以及排气中未燃 HC 的各种组分,例如可以把 CH_4 从其他 HC 中分离出来,从总碳氢 THC 得出非甲烷碳氢 NMHC。

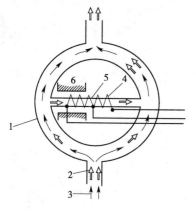

图 5-14 氧顺磁分析仪的工作原理
1-环形室;2-气样中的氧;3-气样;4-电热丝;5-玻璃管;6-永久磁铁

5.3.5 顺磁分析仪

气体受不均匀磁场的作用时也受到力的作用,如果气体是顺磁性的,受力指向磁场增强的方向;如果气体是反磁性的,则受力指向磁场减弱的方向。大多数气体是反磁性的,只有少数气体是高度顺磁性的。氧是一种强顺磁性气体,NO 的顺磁性为氧的44%。因为发动机排气中,氧的浓度要比 NO 高得多,所以可以用顺磁分析仪来测量排气中的氧。

氧顺磁分析仪的原理如图 5-14 所示。气样中的氧在永久磁铁造成的磁场吸引下自左向右充入水平玻璃管 5 中。在磁场强度最大的地方,气样被电热丝加热。加热后的氧顺磁性下降,磁铁对它的吸引力小于冷态的氧。这样,冷的气样被吸到磁极中心,挤走热的气样。冷的气样被加热、挤走。这样循环就在玻璃管里形成了气体流动,也称为磁风,其速度与气样中的氧浓度成正比。如果电热丝同时起热线风速仪的作用,就能简单地测定磁风速度,从而得出气样中的氧浓度。

5.4 柴油机排气可见污染物的测量和分析

5.4.1 滤纸式烟度计

最常用的颗粒快速测量方法是采用波许(Bosch)烟度计测量如图 5-15 所示,波许烟度计是一种滤纸式烟度计,它能在一个很短的时间内,把一定量的排气通过一张滤纸抽出,然后对滤纸进行测量。与颗粒质量测量方法不同,波许烟度计不是测量滤纸的质量,而是测量滤纸的黑度对光线的反射程度。

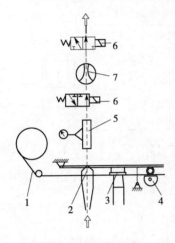

图 5-15 波许烟度计
1-滤纸;2-排气管道;3-反射检测器;
4-卷纸器;5-体积测量仪;6-清洁气转
向阀;7-取样泵

波许烟度计测量结果是波许烟度。波许烟度的大小为 0～10。波许烟度单位为 0,对应着干净的滤纸;波许烟度单位为 10,对应着光线全被滤纸上的颗粒所吸收,波许烟度值能较好地反映了颗粒中的炭烟部分。

由于柴油机颗粒中的各种成分对光线的吸收能力不同。把各种柴油机各工况下的排气用波许烟度测量法的结果和颗粒质量计测得的结果相对比,不是完全一一对应的关系。特别是在对现代柴油机排气常见的波许烟度小于 2 的范围内,偏差竟能达到 50%。波许烟度计的测量精度用于排放限制标准是远远不够的。此外,滤纸式烟度计也不能进行连续测定,因而不适用于瞬态工况。

5.4.2 透光式烟度计

透光式烟度计是把光照向部分或全部排气,设在光源对面的感光元件所接收到的光强度转换成电信号,以显示测量结果。

如图 5-16 所示,排气通过取样探头连续地进入测量室中的测试管。测试管的一端是光源,另一端是感光元件。光源散发出的光部分被排气中的颗粒(主要是颗粒中的炭烟)吸收,被感光元件所接收的光线是被削弱了的光线,通过感光元件将光强转换成电流并显示在微安表上,表上的刻度可直接显示透光度单位。透光度单位为 0～100。透光烟度单位为 0,表示光线不被排气吸收;透光烟度单位为 100,表示光线全部被排气中的颗粒所吸收。透光烟度计上的刻度一般不是线性分布的。

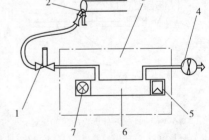

图 5-16 透光式烟度计
1-清洁气转向阀;2-取样探头;3-测量室;
4-取样泵;5-信号接收器;6-测试管;7-光源

透光式比较典型的有美国国家环保局推荐的 PHS 烟度计和英国哈特里奇(Hartridge)烟度计,它们通过把一束光照向柴油机的全部(采用前者)或部分(采用后者)排气。设在光源对面的感光元件接收到的相对光强度成为透光度 $T(\%)$:

$$T = e - KL \times 100 \tag{5-4}$$

式中:K——为透光系数,m^{-1};表示光束被排烟消减的系数,它是烟气中颗粒数浓度、颗粒平均投影面积和颗粒透光率的函数;

　L——光通道的有效长度,m;即对密度梯度和边缘效应进行修正后的光束穿过排气流的长度。

透光度 $N(\%)$ 为

$$N = 1 - T \tag{5-5}$$

光源的光不能到达感光元件的百分率。烟气的透光系数 K 与透光度 N 之间关系为

$$K = -(1/L)\ln(1 - N/100) \tag{5-6}$$

$N = 0$ 表示排气柱不吸收光(完全无烟),$N = 100$ 表示光线完全被吸收,一般用透光系数 K 作为透光式烟度计的读数。为了调整和检查零点,光源和感光元件可以转到空气管上。空气管里只有环境空气。根据对空气的测量,仪器会自动调整零点。碳氢化合物冷凝而成的微滴也会吸收光线。为了消除其影响,测试管的温度被控制在一定的范围内。

透光烟度计测量的主要是颗粒中的炭烟,因为它既可以进行连续测量,在低烟度下有较高的分辨率,也可以用来研究柴油机的瞬态炭烟排放特性,测量排放法规中所要求的加速烟度。透光式烟度计已被国际标准化组织(ISO)所推荐。

我国柴油机烟度测量新标准规定采用透光式烟度计测量柴油机的自由加速烟度和全负荷烟度。

5.4.3　颗粒物质量测量和分析

把柴油机排气中的颗粒搜集在滤纸上,用 μm 级精密天平称得滤纸在搜集颗粒前后的质量差,就可以得到颗粒的质量。搜集到的颗粒样品应能再现柴油机排气中的颗粒排放特性,为此,应选用符合排放法规要求的稀释风道系统进行取样。

根据柴油机排气流过稀释风道的比例,可分为全流式和分流式两种稀释风道系统。

美国轻型车和重型车用柴油机排放法规以及欧洲轻型车排放法规中,规定要使用全流式稀释风道来测量柴油机颗粒排放。在欧洲重型车用柴油机排放法规中,允许使用分流式系统。

按照美国轻型车排放标准要求设计的全流式稀释风道颗粒测量系统如图 5-17 所示,它是按照定容取样法(CVS)原理来设计的,可以进行瞬态的颗粒测量。在全流式稀释风道颗粒测量系统中,全部排气都被引到稀释风道中,用于稀释排气的空气先经过空气滤清器,空气滤清器由粗、细灰尘过滤器和活性炭过滤器组成,以过滤空气中的灰尘和不纯气体成分,为了提高空气和排气的混合程度,在排气进入稀释风道的地方,用一个圆环形成气流节流口,以提高气流的紊流程度,装在稀释风道尾端的罗茨泵用来吸取排气和空气混合而成的稀释排气。

稀释排气的总流量,可以通过测量罗茨泵的转速及在罗茨泵附近稀释排气的温度和压力计算出来。罗茨泵前的换热器用来限制稀释排气的温度变化,以保证稀释排气的总流量保持不变。

在稀释风道上,距离排气入口10倍于稀释风道直径的地方,稀释排气样分别被两个颗粒取样泵引向直径大于47mm的颗粒取样滤纸,这两个气流的体积可以通过测量计算出来。

全流式稀释风道颗粒取样系统如图5-17所示。

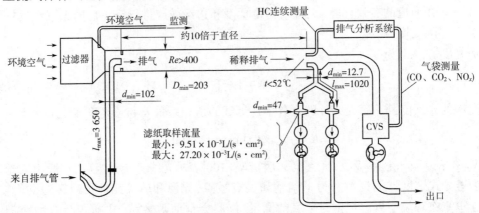

图 5-17 全流式稀释风道微粒取样系统

为了缩小全流稀释CVS取样系统设备的大小和降低价格,允许使用第二级稀释风道,即从第一级风道取出部分稀释排气,再在第二级小风道中进行二次稀释。这时,第一级风道排气温度只要在190℃以下就行,一次稀释比可以比较低,可选较小的抽气泵DEP。第二级风道在把样气温度稀释到标准规定的52℃以下,然后用取样滤纸采集颗粒。带有二次稀释风道的全流稀释风道颗粒测量系统如图5-18所示。

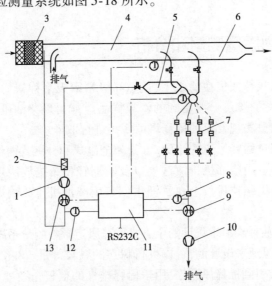

图 5-18 带有二次稀释风道的全流稀释风道颗粒测量系统

1-二次稀释空气泵;2-热交换器;3-外部空气滤清器;4-稀释风道;5-二次稀释风道;6-鼓风机;7-颗粒取样架;

8、12-温度计;9、13-质量流量控制器;10-取样泵;11-控制器由于全流式稀释风道取样系统占地面积大、设备成本高,欧洲重型车用柴油机排放标准允许采用分流式稀释风道颗粒测量系统。柴油机颗粒的分流稀释风道测量系统示意图如图5-19所示。

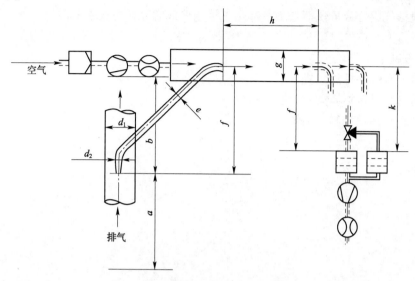

图5-19 柴油机颗粒的分流稀释风道测量系统

在进行欧洲重型车用柴油机排放标准测量时,分流式稀释风道测量系统具有体积小、移动方便的优点。在投资方面,由于分流式控制系统比较复杂,与全流式系统相比,没有明显的优点。分流式系统的操作比较复杂,对测量人员的素质要求较高。

本章小结

世界上汽车排放法规主要以美国、欧盟、日本为主。与欧美发达国家相比,我国汽车排放法规实施时间较短,起步较晚,水平也相对较低。按照我国的基本国情,从20世纪80年代初期才制定了先易后难、分阶段实施的基本方案。目前,我国已经发布轻型车、重型车国Ⅵ标准,与欧洲Ⅵ标准类似。不久的将来,我国的排放标准将不低于国外同类标准。

自测题

一、单选题

1. 下面属于发动机台架测试循环的是( )。

    A. ESC   B. NEDC   C. WLTC   D. FTP-75

2. 测量 HC 污染物的分析方法为( )。

    A. 氢火焰离子法   B. 化学发光法   C. 气相质谱法   D. 顺磁法

3. 2012 年提出的全球统一测试循环是( )。

    A. ESC   B. NEDC   C. WLTC   D. FTP-75

二、判断题

1.透光烟度单位为0,表示光线不被排气吸收;透光烟度单位为100,表示光线全部被排气中的颗粒所吸收。　　　　　　　　　　　　　　　　　　　　　　　　　　( )

2.一般排气成分分析仪都是测量都是直接测得该成分在排气中的质量。　　( )

3.进行重型车排放测试时,主要以整车测试为主。　　　　　　　　　　　( )

三、简答题

1.世界上有哪些排放法规体系?各有什么特点?

2.如何进行颗粒物质量测量和分析?

3.简述轻型车排放测试系统。

第6章 在用车排放控制和诊断系统

导言

本章主要介绍在用车排放控制的相关政策法规和测试方法,包括目前已经在轻型车和重型车上普及应用的在线排放诊断系统(OBD)的设计初衷、主要工作方式以及在实际排放管理工作中发挥的重要作用。

学习目标

1. 认知目标

(1)理解在用车检查维护制度的内涵和实施的意义。

(2)了解 OBD 系统的工作方式和诊断原理。

(3)了解在用轻型车和在用重型车的排放测试方法。

2. 技能目标

(1)熟悉轻型车和重型车在用排放检测的检测内容和基本流程。

(2)识别轻型车和重型车在用排放检测的运行工况。

(3)识别 OBD 系统指示的排放系统相关故障。

3. 情感目标

(1)理解国家开展在用车定期检测的初衷。

(2)建立对车辆进行定期检查和维护的良好习惯。

(3)提高在用车排放监管的"主人翁"意识。

6.1 在用车的检查维护(I/M)制度

6.1.1 I/M 制度简介

在用车的检查和维护制度(Inspection/Maintenance,简称 I/M 制度)是削减在用机动车污染排放的最有效的重要手段。I/M 制度通过对在用机动车进行定期或不定期的排放检测,达到督促车主对车辆进行正常维护和及时维修,从而确保排放控制装置在车辆的整个使用周期中都能发挥有效作用。

随着 1970 年美国《清洁空气法案》的通过,I/M 制度在 20 世纪 70 年代以自愿的形式率先应用于轻型车排放控制。在随后的几十年时间里,美国的 I/M 制度日臻完善,并且对轻型车和重型车进行了全面覆盖,在美国在用机动车排放治理的过程中占据了举足轻重的地位。

我国于1983年开始实施在用车的排放年检制度,颁布了《汽油车总污染物排放标准》(GB 3842—1983)、《柴油车自由加速烟度排放标准》(GB 3843—1983)等一系列开拓性的国家标准,是我国开始对汽油车和柴油车分别实施在用车排放检测和管理的开端。

随着机动车排放控制技术的快速发展和应用,基于怠速法和自由加速法的排放检测已经不能满足在用车的排放管理要求,因此我国于2005年分别颁布了《点燃式发动机汽车排气污染物排放限值及测量方法》(GB 18285—2005)和《车用压燃式发动机和压燃式发动机汽车排气烟度排放限值及测量方法》(GB 3847—2005),以简易工况法替代此前的汽油怠速法和柴油自由加速法排放检测。相比于怠速法和自由加速法,简易工况法能更加有效地反映车辆在实际使用过程中的污染物排放状况,及时发现高污染车辆。截至2019年4月30日,GB 18285—2005和GB 3847—2005两项在用车排放检测国家标准仍在使用,不过已经不能完全适应我国当前的机动车发展水平,从2019年5月1日开始,全国在用车年检将实行新的标准,分别是《汽油车污染物排放限值及测量方法(双怠速法及简易工况法)》(GB 18285—2018)、《柴油车污染物排放限值及测量方法(自由加速法及加载减速法)》(GB 3847—2018),该标准较之前的标准增加了OBD检测,发动机CAL ID与CVN码的检测,规定了NO检测分析方法需采用红外法(IR)、紫外法(UV)或者化学发光法(CLD),采用电化学法的分析仪将不再使用,柴油车检测则增加了NO_x限值。

我国目前开展的I/M制度主要由排放年检和随机路检组成。近几年,随着遥感排放检测技术的日益成熟和车载诊断系统(OBD)在轻型车和重型车辆上的普及应用,遥感检测法和OBD检测已成为机动车定期年检和道路随机抽查的理想补充。这几种方法从不同的技术层面对车辆的排放状态进行检测,从而提供更全面、更客观的检测信息,有助于及时发现高排放车辆,减少机动车的环境污染。

I/M制度中的"I"是指检查制度,可以理解成它是为了发现高排放车辆而开展的一切检测手段。而I/M制度中的"M",即维护,实际上是指所有能去除车辆故障,恢复或维持其正常工况所进行的工作。它既包括对车辆的日常维护、恢复或维持其正常工况所进行的工作,也包括对车辆进行的日常定期保养和维护工作。我国把有关车辆维护的政府规章和工艺规范称为强制维护制度,并且根据故障的严重程度或者维护的工作难度将强制维护进行了等级划分,以便更有效地开展工作和进行监督。随着车辆设计和生产技术的不断发展和使用水平的持续提高,强制维护制度也在悄然发生变化,特别是强制的概念正被弱化。大多数私家车主已经形成良好的用车习惯,甚至在现实生活中还存在很多过度保养的情况。对于营运车辆,强制维护制度的管理方法也从"定期保养、计划修理"发展到"定期检测、强制维护、视情修理"。

过去的设备管理普遍执行的是计划预防维护制度,而当前的汽车维护,随着技术的进步,普遍采用的是状态检测下的维护制度。这种维护制度并没有完全废除过去的计划预防制度,而是在计划预防制度的基础上增加了定期检测的内容,从而为整个维护工作提供了更大的灵活性,针对性也得到了显著的提高。除此之外,要求必须结合状态检测进行车辆维护,还能够有效地遏制社会上一部分维修企业,盲目地追求利益,采取欺骗、故意引导等不道德的手段,进行非必要性维护而攫取更多利益的行为。当然,强制维护制度的实施能在极大限度地避免车辆过度使用和过早磨损现象的发生。

对于绝大多数车辆而言,在车辆使用的过程中,每达到一个保养周期,都会进行一些自觉性的定期检测,但几乎都不包括排放。对于车辆排放的定期检测一般为一年一检,随着车辆技术水平的提升,我国现在对 7 座以下的非营运性质的小型轿车实行了新车六年免于检验的便民措施。而对于一些使用年限较久的营运和非营运性质车辆,排放检验的频率会有所增加,如小型、微型非营运载客汽车超过 15 年的,每 6 个月需检验 1 次。

在机动车一年一度的气排放检测项目中,对汽油车,检测方法一般为双怠速或者简易工况法;对柴油车,为自由加速或加载减速烟度排放标准。未能通过检测的车辆按要求,必须进行有效的维修和治理,直到最后达标才可以获得检测合格证。例如北京市等地方政府还要求未达标车辆的车主必须到具有二级维修资质以上的企业进行排放治理,并且需要持修理工单和维修发票才能到原检测场(站)进行排放复检。这一举措大大强化了 I/M 制度在实际中的管理力度。

除了定期年检外,道路抽检(简称路检)也是对机动车污染物排放监督检查的非常必要和行之有效的方法。道路抽检一般由环保部门和公安部门共同配合实施,通常的情况是在不影响交通的道路旁设置检查点,对道路上行驶的车辆随机进行拦截和抽查,以便及时发现尾气超标的车辆,并督促其进行必要的维修和治理。对于触犯相关法律法规,驾驶高排放车辆上路的行为,环保部门和公安部门有权对其进行处罚。路检的尾气达标率能较为真实地反映在用车尾气达标情况,但这并不能简单的等同于路检,不能取代定期年检,二者在车辆覆盖程度、人力物力的消耗以及机制运行效率上各有不同。近几年,遥感排放检测技术的普及大大提高了路检路查工作的效率,国内的许多城市也开始投入资金,建立遥感检测网络,使遥感检测呈现出一种常态化路检的特征。

"视情修理"的概念是随着检测诊断技术的发展和维修市场的变化而提出的。在过去,"计划修理"往往由于计划不周或执行不到位而导致修理不及时或提前修理等情况的发生,从而达不到相应的计划预期。相比于提前修理造成的严重浪费,修理不及时导致的汽车技术状况急剧恶化更令人担忧。为了改变这种状况,从行业管理的角度出发,2016 年发布的《道路运输业车辆技术管理规定》中已经将此前"计划修理"的说法去掉并修改为"视情修理",使其更加符合我国当前的实际情况,这一修订既体现了技术应与经济相结合的原则,也体现了维修技术的发展,可被视为是维修制度和理念上的一次重大变革。但是仍需强调的是,"视情修理"应当是始终基于检测诊断结果来有针对性地进行的,而不能只听汽车所有者或者使用者的意见就随便确定修理项目。

"视情修理"的实质,是由原来的以行驶里程为基础确定汽车修理方式改变为以汽车实际技术状况为基础的修理方式,汽车修理的作业范围是通过检测诊断后确定的。因此,检测诊断技术的发展是实现可靠的"视情修理"的重要保证,"视情修理"充分体现了技术与经济相结合的原则。与此同时,"视情修理"与"强制维护"是相辅相成的。

6.1.2　实施 I/M 制度的意义

此前的研究表明,在整个在用车群体中数量占比很小的高排放车辆却造成了很高比例的污染物排放。一辆高排放车辆的污染物排放相当于几辆甚至几十辆同类车辆的排放量。

根据统计数据显示,在用车中前 5% 的高排放车所排放的污染物占总排放量的 25% ,前 20% 高排放车辆的排放量占到总排放量的 59% 。随着技术的快速发展,新车排放量大幅降低,高排放车辆对整体机动车污染的贡献率呈现进一步升高的趋势。因此,实施 I/M 制度的意义之一就是及时发现在用车群体中的高排放车辆,并对其进行有效的治理,从而削减污染物排放,改善大气环境。

实施 I/M 制度在当今社会的发展水平下显得尤为重要。这主要是由于伴随着车辆技术水平的提升,当发动机的部分零部件,特别是排放后处理系统出现故障后,并不会显著地影响车辆的驾驶性能。这就使得车主容易忽略相关问题,不能及时进行维修。然而,催化转化器或者氧传感器损坏可使尾气中的 HC 和 CO 的排放量增加 20 倍以上。据估计,实施 I/M 制度以督促在用车辆进行正常维护和及时维修,平均可降低 30% ~ 50% 的机动车排放。不过,我国目前的 I/M 制度实施仍有进一步提高的空间,尚未达到理想状态。在我国,I/M 制度中的"I"发展得已经比较完善,基本能够和发达国家接轨,但是"M"的管理仍略显宽松,在一定程度上限制了 I/M 作用的发挥。

此外,实施 I/M 制度也是整个汽车排放控制体系中的重要组成部分,在开展 I/M 检查的过程中收集的大量不达标车辆信息可以形成"大数据",并分别反馈给车辆生产企业和政府主管部门,进而促进企业开展有针对性的技术升级和车辆召回,也便于环境管理部门的执法工作的开展,从而达到使高排放车辆的环境危害最小化的目的。这一工作机制在美国数十年的 I/M 制度发展的过程中,已经被证明是非常有效的。

通常,一套完备的 I/M 制度应包括以下技术要素:

(1)合理的测试程序及与之匹配的检查项目。

(2)对不合格车辆的惩戒机制。

(3)加强维修程序管理和机械技能培训。

(4)检测数据收集和定期的质量考核。

(5)对车种和车龄进行优化,注重老、旧车的检测。

(6)对检测员和修理工的技术培训。

(7)进行周期性的评估以发现和解决问题。

由于 I/M 制度的综合性很强,既要注重技术问题,又要充分发挥管理职能。因此,I/M 制度在整个执行过程中始终需要进行精心的设计,并保证充足的资金投入和政策法规支持,与此同时,还要配备完善的技术设施和充足的管理人才。

6.2　在线排放诊断系统(OBD)

6.2.1　发展历程

虽然 I/M 制度已经大大缩短了对在用机动车排放监测的周期,但是仍然无法实现对车辆排放控制系统的实时监测。而车载排放诊断系统(On-board Diagnostic,简称 OBD)的出现使得排放控制系统的实时监测成为可能。

　　为了监测汽车排放控制系统部件在运行过程中的性能变化、及时判断故障原因,以便修理厂正确地处理故障,美国20世纪80年代推出了车载排放诊断系统(OBD)。第一代的车载排放诊断系统的初衷是为了监测和电控系统相关部件的故障,仅具备故障告知功能。发展至20世纪90年代中期,随着电控燃油喷射技术的发展和普及,专门针对排放控制系统进行监测的OBD—Ⅱ系统问世。

　　1994年起,在美国的排放法规中明确规定了新出厂的轿车必须装有第二代车载排放诊断系统(OBD—Ⅱ),OBD—Ⅱ应当包括以下一些功能:

　　(1)排气催化转换器的监测。

　　(2)λ(氧传感器)传感器的监测。

　　(3)燃油喷射系统的监测。

　　(4)失火的鉴别。

　　(5)排气再循环的监测。

　　(6)二次空气系统的监测。

　　(7)曲轴箱通风系统的监测。

　　除此之外,其他不受发动机控制系统控制的,但与排放相关的车辆部件,如自动变速箱,也被纳入OBD的监测范畴。

　　随后,美国汽车工程师协会(SAE)和国际标准组织(ISO)就轻型车及重型车OBD系统及OBD通用监测设备制定了一系列的技术规范。2000年前后,欧洲和日本相继要求新生产汽车必须配备OBD—Ⅱ系统。2005年,《GB 18352.3—2005轻型汽车污染物排放限值及测量方法(中国第Ⅲ、Ⅳ阶段)》和《GB 17691—2005车用压燃式、气体燃料点燃式发动机与汽车排气污染物排放限值及测量方法(中国Ⅲ、Ⅳ、Ⅴ阶段)》两项国家标准相继发布。标准要求,新生产的轻型车自国Ⅲ阶段起、重型车自国Ⅳ阶段起必须装备有OBD系统。为了进一步细化对OBD系统的要求,环境保护部还在2008年出台了《HJ 437—2008发动机与汽车车载诊断(OBD)系统技术要求》。为了与新车标准保持一致,2005年同时发布两项在用车检验国家标准,GB 18285—2005和GB 3847—2005中已经明确要求在车辆年检时应当对OBD系统的有效性进行查验。但是由于上述标准对于检验的具体内容和操作步骤没有进行详细的说明,OBD查验在各地年检中的开展情况普遍达不到预期。为此,生态环境部已对GB 18285—2005和GB 3847—2005两项国家标准进行了修订,专门补充了OBD查验的要求和流程等相关内容。

　　在新车排放标准层面,我国一直采取的是等效引用欧洲法规体系的做法,因此对于OBD系统的要求也一直沿用欧盟的EOBD标准。然而,随着我国汽车工业的迅猛发展,EOBD过于宽松的管理模式已经不足以应对我国日益严峻的环保形势,在国Ⅵ标准的制定过程中,我国正考虑借鉴美国环保署和加州大气资源局对OBD系统的要求和成功管理经验,建立新车OBD标准。

　　经过数年来的发展,当前的OBDⅡ系统在诊断逻辑以及指示正确性方面已经成熟。在美国的加利福尼亚州等在用车管理较为先进的地区,OBD查验已经被证实可以部分等效简易工况法的排放测试;即满足要求的受检车辆在进行定期检测时只需连接专门的OBD诊断设备,而无须再进行简易工况的测试。目前,北京市生态环境局等管理部门正在对类似做法在国内的可行性进行评估。

　　此前的研究表明,在使用相同的时间后,营运车辆排放较非营运车辆均有不同程度的增加。因此,对于营运车辆,特别是大货车、出租车的排放管理一直是各地环保监察部门日常工作的重点之一。在建立了较为完善的 OBD—Ⅱ 管理体系之后,加州大气资源局推出了面向 21 世纪的 OBD 系统概念,为了与 OBD—Ⅱ 区分,俗称 OBD—Ⅲ。和 OBD—Ⅱ 相比,OBD—Ⅲ 增加了数据实时上传的功能,从而使得管理机构能够真正地对全部在用车的排放状况进行实时监控。一旦得以应用,OBD—Ⅲ 系统将大大提升监管部门对高排放车辆监督管理能力。目前,我国的管理部门正在对国Ⅵ阶段在营运车辆上增加 OBD—Ⅲ 系统要求进行讨论。

6.2.2　工作原理

概括地说,OBD 系统主要是依靠布置于汽车内部的传感器来直接或间接地判别车辆是否出现了故障,然后通过点亮仪表板上的故障指示灯(MIL)来提示驾驶员以开展有针对性的维修。为能将故障信息和车辆的实施运行数据流对外输出,目前的 OBD 系统都装有统一的数据接口,借助符合 SAE J1850 的通用诊断设备,可以读取 OBD 系统内的数据。但是需要说明的是,OBD 内的数据是存在不同权限的,与排放相关的故障信息等属于开放获取的通用信息,属于使用较低权限即可获得的类型。

OBD 系统发展至今已经有 30 余年的历史,监测项目也从最初的电控系统相关发展到几乎车辆的每一个细节。以下部分针对与车辆排放最直接相关的几项监测进行原理介绍,这几个关键部件也是车辆排放控制的核心。

1. 排气催化转换器的监测

排气催化转换器的监测是 OBD—Ⅱ 最重要的任务,催化转换器的储氧能力与 HC 转换效率的关系如图 6-1 所示,转化效率稍有下降,催化转换器的储氧能力就降低很多,排气催化转换器的监测就是利用这种关系进行的。

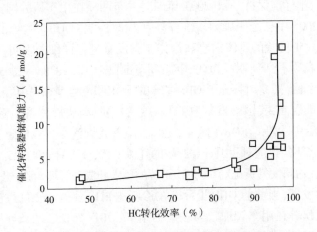

图 6-1　催化器的储氧能力与 HC 转化效率的关系

催化转换器的储氧能力可以通过 λ 传感器测得,图 6-2 为在新旧两种催化器状态下,催化转换器前后两个 λ 传感器的信号变化。催化转换器前的信号由于λ调节系统的作用,一直在 λ = 1 左右摆动,新催化转换器具有较高的储氧能力,可以调节过量空气系数的波动,催化转换器后面信号的波动较小,而老化的催化转换器,由于储氧能力的减弱,催化转换器调节过量空气波动能力也降低,催化转换器后的信号波动幅度增大,通过对催化转换器前后两个λ传感器的信号波动幅值对比,就可以实现对催化转换器的监测。

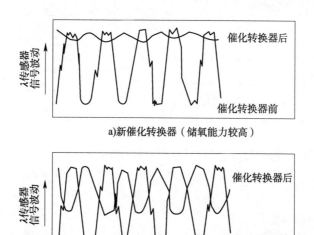

图6-2　λ传感器的信号变化

2. λ传感器的监测

λ传感器是汽油机排放控制系统中的重要元件,λ传感器主要有以下3种损坏形式。

（1）过热老化

λ传感器的过热老化,导致λ调节系统的动态响应减慢,调节周期延长,排放增加。对λ传感器过热老化的监测是通过测量在怠速时λ调节系统的调节周期来实现的。另外,还要在几个工况点校核传感器的电压信号是否超出了事先设定的最大值和最小值。

（2）铅中毒

由误加含铅汽油带来的铅中毒对λ传感器的影响,主要是使传感器表面催化层的性能下降,排气中残余的HC和CO不能在传感器附近完全氧化,λ传感器测得的含氧量偏高,不能正确反映排气中的过量空气系数。λ调节系统将汽油机的过量空气系数调得偏低,造成HC和CO排放增加。

（3）硅胶中毒

硅胶在进气管上用作密封材料因而可能造成λ传感器的硅胶中毒。中毒后的λ传感器含氧量测量值较真实值偏低,导致λ调节系统将汽油机的过量空气系数调得偏高,进而使NO_x排放增加。

对λ传感器中毒情况的监测,是通过催化转换器后的传感器进行的。催化转换器对这个传感器起一定的保护作用。根据催化转换器前传感器信号工作的λ调节系统,同时需要通过催化转换器后传感器的信号进行修正。当这个修正值过大时,催化转换器前的λ传感器就必须更换。λ传感器的监测如图6-3所示。

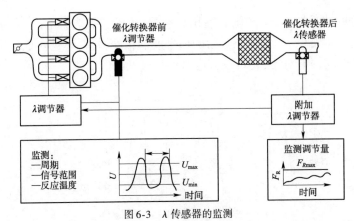

图 6-3　λ 传感器的监测

对 λ 传感器的监测,还包括对传感器加热电阻的监测。λ 传感器加热主要是为了在低温工况下(如冷起动和长时间怠速)加速到达或维持在 λ 传感器工作温度,确保 λ 传感器读数可靠。

3.燃油喷射系统的监测

燃油喷射系统出现故障,将直接反映到 λ 调节系统的单向调节时间,当这个时间过长时,就需要对燃油喷射系统的部件进行检查。

4.失火的鉴别

点火系统或混合气形成系统出现故障会导致失火,一方面失火直接增加了 HC 排放,另一方面过度累积的 HC 在短时间内在催化转换器中被氧化可能造成催化转换器的过热损坏。

失火的监测主要是通过测量汽油机角速度的平稳程度来确定的。

5.排气再循环系统的监测

排气再循环量过小,会导致 NO_x 排放量增加,排气再循环量过多,则增加 HC 排放。排气

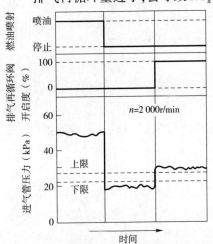

图 6-4　排气再循环系统的监测

再循环系统的监测,主要检查排气再循环阀在关闭时的密封程度和排气再循环阀在最大开度时的流量,如图 6-4 所示。这个监测是在汽车滑行(节气门全关)时进行的。此时燃油喷射系统不喷油,排气再循环系统的工作不影响排放。监测的手段是检查排气再循环阀全关和全开时进气管的压力。当排气再循环阀全关时,进气管的压力不能高于一个设定值,否则就是排气再循环阀密封不好;当排气再循环阀全开时,进气管的压力不能低于另一个设定值,否则就是排气再循环阀座积炭严重,流量不够。

6.二次空气系统的监测

二次空气系统的监测主要是测量在二次空气系统工作时,λ 传感器上的电压。当电压过高时,就表明混合气过浓,二次空气系统工作不正常。

7.油箱通风系统的监测

油箱通风系统的监测是在发动机怠速工况下进行的,并通过对油箱内的气体压力变化

来判断的。具体过程如图6-5所示。

（1）将与油箱相连的阀门关闭 T_1 时间，测量相应的压力增高值 Δp_G。

（2）将油箱和进气管相连的通风阀打开，使油箱在进气管负压的作用下建立一定的负压。

（3）将通风阀继续关闭等于 T_1 的时间 T_2。测量在 T_2 时间的压力增高值 Δp_D，当 Δp_D 大于 Δp_G 时，表明油箱通风系统有泄漏。这个泄漏达到一定程度时，OBD 系统就会报警。

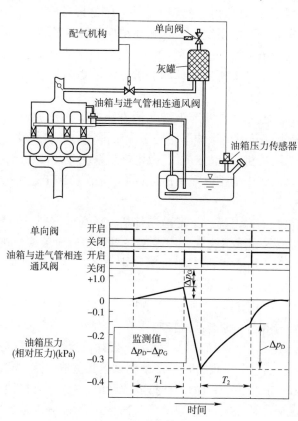

图 6-5　油箱通风系统的监测

6.3　在用汽油车排放检测方法

6.3.1　稳态工况法

2018 年 9 月，由国家生态环境部和国家市场监督管理总局批准发布了《汽油车污染物排放限值及测量方法（双怠速法及简易工况法）》（GB 18285—2018），将于 2019 年 5 月 1 日在全国实行，以代替 GB 18285—2005 和 HJ/T 240—2005。届时，国内在用车将可以实现异地年检，大大促进了二手车的流通。新国标的简易工况法采用有稳态工况法（ASM），简易工况法的特点就是能最大程度模拟机动车在实际驾驶过程中的尾气排放，使得检测结果更准确。在简易工况法中，稳态工况法是我国 I/M 检测方法中使用最为普遍的一种。

117

　　1988 年,美国西南研究院(SwRI)和 Sierra 研究部门共同研究开发了一系列的稳态加载试验方法,称为加速模拟工况(Acceleration Simulation Mode,简称 ASM)。和怠速法相比,ASM 方法对 NO_x 排放高的车辆有较好的识别。ASM 方法需要将车辆放置在底盘测功机上,测试两个等速工况段,车速为 24km/h、发动机负荷率为 50% 的 ASM 5024 工况以及车速为 40km/h、发动机负荷率为 25% 的 ASM 2540 工况。ASM 方法的发动机负荷率是以车辆加速度达到 1.47m/s² 时为基准计算的相对负荷率。为了降低设备成本,ASM 方法没有使用新车排放认证中要求的定容稀释取样系统(CVS)和高精度排放分析设备,转而使用不分光红外法($NDIR,CO,CO_2$ 和 HC)和电化学传感器(NO_x)的简易排放测试设备进行直接采样分析,读取各项污染物在机动车排气中所占的体积分数。加上更为便宜的定点加载底盘测功机,ASM 方法的设备成本更易被接受。

　　我国的国家标准《点燃式发动机汽车排气污染物排放限值和测量方法》(GB 18285—2005)给出了简易工况测量方法,《汽油车稳态工况法排气污染物测量设备技术要求》(HJ/T 291—2006)给出了底盘测功机、尾气分析仪、微机控制系统等设备要求,《确定点燃式发动机在用汽车简易工况法排汽污染物排放限值的原则和方法》(HJ/T 240—2005)中给出了排放限值的确定原则和方法。

　　轻型点燃式发动机汽车简易稳态工况检测是基于轻型车(总质量为 3500kg 以下的 M、N 类车辆)污染物浓度排放的测试系统。它用轻型底盘测功机对被检车辆进行道路阻力模拟加载,在车速为 25km/h、40km/h 等工况下测量尾气排放。与双怠速测量方法相比,它与实际道路的相关性较好,而且操作简单、重复性好。

　　被检车辆驱动轮停放到底盘测功机上,车辆启动,由检验员将车速控制稳定到规定工况速度(25km/h、40km/h),由电气控制系统控制调节功率吸收装置,使得加载到滚筒表面的总吸收功率为测试工况下的给定加载值时,车辆稳定带载荷运行。五气分析仪测量车辆的尾气排放中各成分的含量、通过分析仪自带的环境测试单元测取温度、湿度、气压参数,计算出稀释系数,然后计算出校正后的 CO、HC、NO 排放浓度值,并给出合格性评价。

　　在 GB 18285—2005 中对 ASM 方法规定了两种测试工况,分别是 ASM 5025 工况和 ASM 2540 工况,如图 6-6 所示。

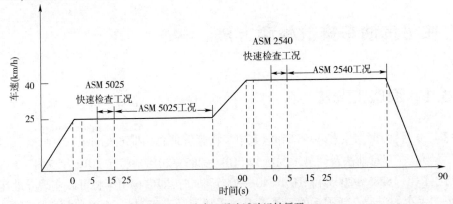

图 6-6　稳态工况法试验运转循环

　　ASM 5025 工况的具体测试流程为:车辆经预热后,加速至 25km/h,测功机根据测试工况要求加载,工况计时器开始计时($t = 0s$),车辆保持 25km/h ± 1.5km/h 等速 5s 后开始检测。当测功机转速和扭矩偏差超过设定值的时间大于 5s,检测应重新开始。然后系统开始预置 10s 之后开始快速检查工况,计时器为 $t=15s$ 时分析仪器开始测量,每秒钟测量一次,并根据稀释修正系数及湿度修正系数计算 10s 内的排放平均值。运行 10s($t=25s$) ASM 5025 快速检查工况结束。车辆运行至 90s($t=90s$) ASM 5025 工况结束。测功机在车速 25.0km/h±1.5km/h 的允许误差范围内,加载扭矩应随车速的变化做相应的调整,保证加载功率不随车速改变。扭矩允许误差为该工况设定扭矩的 ±5%。

ASM 2540 工况的具体测试流程为:车辆从 25km/h 直接加速至 40km/h,测功机根据测试工况要求加载,工况计时器开始计时($t=0s$),车辆保持 40km/h±1.5km/h 等速 5s 后开始检测。当测功机转速和扭矩偏差超过设定值的时间大于 5s,检测应重新开始。然后系统开始预置 10s 之后开始快速检查工况,计时器为 $t=15s$ 时分析仪器开始测量,每秒钟测量一次,并根据稀释修正系数及湿度修正系数计算 10s 内的排放平均值。运行 10s($t=25s$) ASM 2540 快速检查工况结束。车辆运行至 90s($t=90s$) ASM 2540 工况结束。测功机在车速 40.0km/h±1.5km/h 的允许误差范围内,加载扭矩应随车速的变化做相应的调整,保证加载功率不随车速改变。扭矩允许误差为该工况设定扭矩的 ±5%。

作为我国最早实施 I/M 制度的城市之一,北京市根据自身的排放控制需求制定了一系列的在用车检测方法,其中绝大多数为稳态加载法测试。2000 年 8 月,北京市质量技术监督局颁布了北京市地方标准《汽油车稳态加载污染物排放标准》(DB11/122—2000)。该标准参照美国加速模拟工况(ASM),制定了 BASM 工况,目前的 BASM 工况由 BASM 5024 工况和 BASM 2540 工况两部分组成。与国标中的 ASM 5025 工况相比,北京地方标准中的车速降低了 1km/h。

作为在用车排放检测方法,ASM 方法的一个致命缺陷在于与新车认证试验相关性差,CO、HC 和 NO_x 的相关性系数仅为 0.435、0.492 和 0.714,对于带有三元催化转换器的低排放车辆误判率高。

6.3.2　瞬态工况法

美国的 IM240 方法是一种瞬态加载的测试方法,即车辆被固定在带有功率吸收装置及惯性飞轮组的底盘测功机上,并按照规定的驾驶循环驾驶。IM240 方法所使用的驾驶循环共历时 240s,是由美国联邦测试循环 FTP 75 的前 333s 缩编而成,所用试验仪器设备的检测原理与美国联邦试验法(FTP)相同。底盘测功机的要求较高,废气取样系统为定容稀释取样(CVS),废气分析系统较怠速法和 ASM 法所用的废气分析仪精度和响应性更高。由于采用了 CVS 取样,所以在进行排放量评价时,得以使用质量排放替代浓度,排放量的单位为 g/mile。IM 240 试验工况见表 6-1。

IM 240 试验工况　　　　　　　　　　　　　　　　　　表 6-1

时间 (s)	车速 (mile/h)	时间 (s)	车速 (mile/h)	时间 (s)	车速 (mile/h)	时间 (s)	车速 (mile/h)	时间 (s)	车速 (mile/h)
0	0	3	0	6	5.9	9	14.3	12	18.1
1	0	4	0	7	8.6	10	16.9	13	20.7
2	0	5	3	8	11.5	11	17.3	14	21.7

续上表

时间（s）	车速（mile/h）	时间（s）	车速（mile/h）	时间（s）	车速（mile/h）	时间（s）	车速（mile/h）	时间（s）	车速（mile/h）
15	22.4	49	26.1	83	31.7	117	19.4	151	25
16	22.5	50	26.7	84	28.6	118	17.7	152	25.4
17	22.1	51	27.5	85	25.1	119	17.2	153	26
18	21.5	52	28.6	86	21.6	120	18.1	154	26
19	20.9	53	29.3	87	18.1	121	18.6	155	25.7
20	20.4	54	29.8	88	14.6	122	20	156	26.1
21	19.8	55	30.1	89	11.1	123	20.7	157	26.7
22	17	56	30.4	90	7.6	124	21.7	158	27.3
23	14.9	57	30.7	91	4.1	125	22.4	159	30.5
24	14.9	58	30.7	92	0.6	126	22.5	160	33.5
25	15.2	59	30.5	93	0	127	22.1	161	36.2
26	15.5	60	30.4	94	0	128	21.5	162	37.3
27	16	61	30.3	95	0	129	20.9	163	39.3
28	17.1	62	30.4	96	0	130	20.4	164	40.5
29	19.1	63	30.8	97	0	131	19.8	165	42.1
30	21.1	64	30.4	98	3.3	132	17	166	43.5
31	22.7	65	29.9	99	6.6	133	17.1	167	45.1
32	22.9	66	29.5	100	9.9	134	15.8	168	46
33	22.7	67	29.8	101	13.2	135	15.8	169	46.8
34	22.6	68	30.3	102	16.5	136	17.7	170	47.5
35	21.3	69	30.7	103	19.8	137	19.8	171	47.3
36	19	70	30.9	104	22.2	138	21.6	172	47.2
37	17.1	71	31	105	24.3	139	22.2	173	47.4
38	15.8	72	30.9	106	25.8	140	24.5	174	47.9
39	15.8	73	30.4	107	26.4	141	24.7	175	48.5
40	17.7	74	29.8	108	25.7	142	24.8	176	49.1
41	19.8	75	29.9	109	25.1	143	24.7	177	49.5
42	21.6	76	30.2	110	24.7	144	24.6	178	50
43	23.2	77	30.7	111	25.2	145	24.6	179	50.6
44	21.2	78	31.2	112	25.4	146	25.1	180	51
45	24.6	79	31.8	113	27.2	147	25.6	181	51.5
46	24.9	80	32.2	114	26.5	148	25.7	182	52.2
47	25	81	32.4	115	24	149	25.4	183	53.2
48	25.7	82	32.2	116	22.7	150	24.9	184	54.1

续上表

时间 (s)	车速 (mile/h)	时间 (s)	车速 (mile/h)	时间 (s)	车速 (mile/h)	时间 (s)	车速 (mile/h)	时间 (s)	车速 (mile/h)
185	54.6	196	55.7	207	51.8	218	55.8	229	34
186	54.1	197	56.1	208	52.1	219	55.2	230	30.5
187	54.6	198	56.3	209	52.5	220	54.5	231	27
188	54.9	199	56.6	210	53	221	53.6	232	23.5
189	55	200	56.7	211	53.5	222	52.5	233	20
190	54.9	201	56.7	212	54	223	51.5	234	16.5
191	54.6	202	56.3	213	54.9	224	50.5	235	13
192	54.6	203	56	214	55.4	225	48	236	9.5
193	54.8	204	55	215	55.6	226	44.5	237	6
194	55.1	205	53.4	216	56	227	41	238	2.5
195	55.5	206	51.6	217	56	228	37.5	239	0

在进行 IM 240 试验时,底盘测功机的计算机控制系统根据车辆的下列信息自动设定吸收功率和惯量,主要包括车型(轻型车、一类轻型在货汽车、二类轻型载货汽车、重型汽车)、底盘、生产厂、型号、车辆额定总重、缸数或发动机排量等。

如果所测车辆信息没有输入计算机控制系统,则按照表 6-2 给定底盘测功机的吸收功率和惯量。

车辆吸收功率和惯量推荐值 表 6-2

车 型	缸 数	吸收功率(kW)	惯量(kg)
所有车	3	6.10	900
所有车	4	6.91	1125
所有车	5	7.57	1350
所有车	6	7.57	1350
轻型车	8	8.24	1575
轻型载货汽车	8	8.82	1800
轻型车	10	8.24	1575
轻型载货汽车	10	9.34	2025
轻型车	12	8.82	1800
轻型载货汽车	12	9.85	2250

IM240 的标准限值体系也更加完善,排放标准限值分为第一阶段和第二阶段。第一阶段是指从试验开始到第 93s 的区间,第二阶段指从第 94~239s。第一阶段内的排放量在需要的情况下可用于快速检测判定,即仅通过第一阶段(无须进行第二阶段)便认为通过了整个 IM240 测试。但是未通过第一阶段标准的车辆必须继续进行第二阶段试验,并按最终 IM240 标准判别。

IM240 法的最突出的优点就是其测试结果与新车排放认证的结果具有非常高的一致性,一氧化碳(CO)、碳氢化合物(HC)和氮氧化物(NO_x)的相关性系数分别高达 0.918、

0.947和0.843。但是,由于IM240方法对于在用车检测设备的精度要求与新车认证设备完全一致,导致测试程序复杂、测试成本高昂、对从业人员的技能水平要求过高,严重地制约了IM240法在I/M制度实际推广中的可操作性。上一节中介绍的ASM方法,就是为了简化IM240方法,提升可操作性而推出的替代方案之一。

6.3.3　简易瞬态工况法

为了兼顾IM240方法的高精度与ASM简便易行的特点,美国的纽约州最早制定了折中的VMAS方法,并于2001年获得了美国环保局的认可。目前,除了纽约州外,马萨诸塞、得克萨斯、马里兰以及北卡罗拉那等州也正逐步采用VMAS方法。在设备上,VMAS法使用与IM240要求一致的底盘测功机,但是IM240中要求的定容稀释取样系统和高精度排放分析仪被一种部分流稀释的取样系统和与ASM一致的简易排放设备取代。1998年,美国环保署发起了样本总量为846台各阶段排放水平在用车的VMAS/IM240比对试验(Gordon-Darby试验),测试结果表明,在使用同种测试循环时,VMAS与IM240两种方法具有高度的一致性,CO、HC和NO$_x$的相关性系数达到了0.993、0.93和0.992,但是VMAS所要求的设备成本仅为IM240方法的3~4成,略高于ASM方法,因此在其推出后获得了广泛的应用。目前,我国的多个省份和城市也采用VMAS法开展车辆I/M测试。

简易瞬态工况法试验循环包含了怠速、加速、匀速和减速各种工况,其测量系统如图6-7所示。

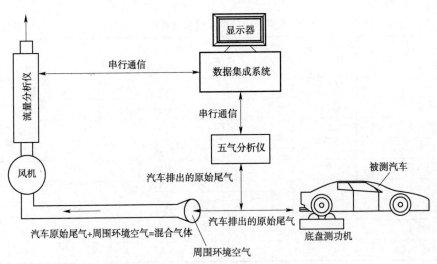

图6-7　简易瞬态工况法测量系统组成

图6-7是简易瞬态工况法测量系统组成,试验系统由底盘测功机、排气分析仪、气体流量计、主控计算机等组成。VMAS系统用底盘测功机模拟车辆在道路上行驶瞬态工况负荷。使用与ASM工况法相同的基本测试设备和废气分析仪,增加空气流量计测量经环境空气稀释后的尾气排放量,通过计算得到排气管排放物质量。采用VMAS工况法进行汽车排气污染物测试时,试验驾驶员驾驶汽车在底盘测功机上按试验工况规定的车速运行,底盘测功机按试验工况确定的载荷加载,瞬态工况法试验运转循环如图6-8所示。

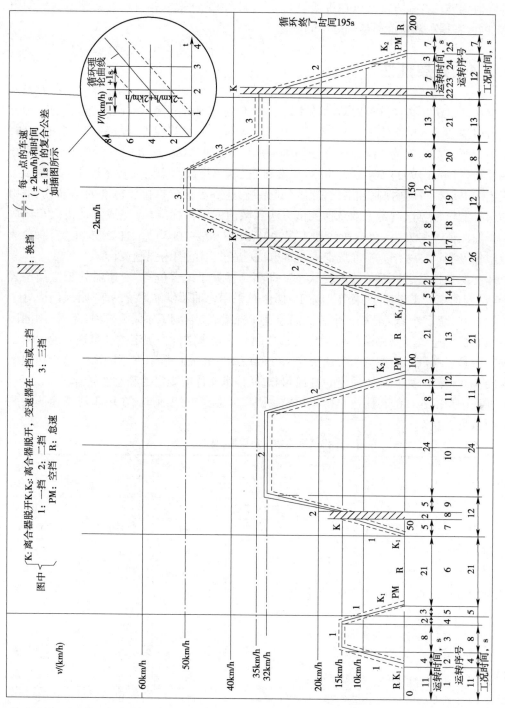

图6-8　瞬态工况法试验运转循环

HJ/T 240—2005 给出了 ASM 和 VMAS 测试的最低限值和最高限值。最低限值为各地方城市开始实施本检测方法时的最低要求;最高限值为经过检测与维护制度,该车种应最终达到的限值标准。各地方城市可在最低限值与最高限值之间根据各自情况调整本地区的限值标准,也可根据车辆年度类型划分不同限值。

6.3.4 双怠速法

双怠速测试法是指当汽车发动机转速处于高、低怠速时分别测试其废气、含量的一种方法。随着电喷技术的广泛使用,为了满足在用车年检、路检、维修保养和故障诊断上的需要,而逐步采用了双怠速测量方法。该方法最早应用于美国的 20 世纪 80 年代初,我国国家环保总局发布了环发〔1999〕134 号文件"关于发布《机动车排放污染防治技术政策》的通知",通知规定"对安装了闭环控制和三元催化净化系统,达到更加严格排放标准的车辆,应采用双怠速法控制"。为此,制定了双怠速测试方法和限值的国家标准《点燃式发动机汽车排放污染物排放限值及测方法(双怠速法和工况法)(GB18285—2005)》。自 2005 年始,双怠速法排放限值及测量方法作为标准规定的基本方法已在全国范围内强制执行。

怠速工况是指发动机无负载运转状态。即离合器处于结合位置、变速器处于空挡位置(对于自动变速箱的车应处于"停车"或"P"挡位);采用化油器供油系统的车,阻风门应处于全开位置;油门踏板处于完全松开位置。高怠速工况指满足上述(除最后一项)条件,用油门踏板将发动机转速稳定控制在 50% 额定转速或制造厂技术文件中规定的高怠速转速时的工况。国标中将轻型汽车的高怠速转速规定为 2500 ± 100 r/min,重型汽车的高怠速转速规定为 1800 ± 100 r/min,如有特殊规定的,按照制造厂技术文件中规定的高怠速转速。

根据我国当前执行的在用汽车排气污染物限值及测试方法标准, 在用车双怠速法检测的排放限值见表6-3。

在用汽车排气污染物排放限值(体积分数)　　表6-3

车　　型	类　　别			
	怠速		高怠速	
	CO(%)	HC(×10⁻⁶)	CO(%)	HC(×10⁻⁶)
1995 年 7 月 1 日前生产的轻型汽车	4.5	1200	3.0	900
1995 年 7 月 1 日起生产的轻型汽车	4.5	900	3.0	900
2000 年 7 月 1 日起生产的第一类轻型汽车	0.8	150	0.3	100
2001 年 10 月 1 日起生产的第二类轻型汽车	1.0	200	0.5	150
1995 年 7 月 1 日前生产的重型汽车	5.0	2000	3.5	1200
1995 年 7 月 1 日起生产的重型汽车	4.5	1200	3.0	900
2004 年 9 月 1 日起生产的重型汽车	1.5	250	0.7	200
2005 年 7 月 1 日起新生产的第一类轻型汽车	0.5	100	0.3	100
2005 年 7 月 1 日起新生产的第二类轻型汽车	0.8	150	0.5	150
2005 年 7 月 1 日起新生产的重型汽车	1.0	200	0.7	200

双怠速测试流程可分为以下步骤:

（1）热机，应保证发动机水温、油温达到正常温度。

（2）发动机由怠速工况加速至 2500±100r/min，将取样探头插入排气管中，深度不小于 400mm，并固定于排气管上。维持 15s 后，开始测量高怠速工况的排放。

（3）降低发动机转速至怠速范围，维持 15s 后开始测量怠速工况的排放。

双怠速测试时注意事项：

（1）若为多排放管时，取各排放管测量结果的算术平均值作为测量结果。

（2）若车辆排气管长度小于测量深度时，应使用排气延长管。

（3）对单一燃料汽车，仅按燃用气体燃料进行排放检测；对两用燃料汽车，要求两种燃料分别进行排放检测。

双怠速法是在车辆无负载时进行检测，其优点是测试地点灵活、设备需求低。但由于怠速法测试的工况单一且发动机没有负载，因此检测出的排放结果与车辆实际运行时排放状态仍存在较大的差距。根据大量的数据表明，怠速法不能有效地对排气中的 NO_x 进行检测，怠速法检测结果的代表性和真实性与其他方法相比欠佳。对于采用电控燃油喷射技术的车辆，怠速法只能对排放后处理系统或者燃油喷射系统发生严重故障的车辆进行识别。

随着环保要求的提高，现代高新技术在汽车上的应用，如电控燃油喷射、三效催化转换器等技术，简单的无负载检测法已无法识别这类现代技术制造的汽车的排放故障，因此，现行的怠速或双怠速法已经难以满足我国目前对在用车排放管理的需求。由于双怠速法不受场地和设备的制约，在开展路检路查以及对特殊车辆（如全时四驱车辆）进行排放检测的过程中尚有用武之地。

6.4　在用柴油车排放检测方法

6.4.1　加载减速法

我国现行的在用柴油车排放检测标准中 GB 3847—2005 规定，在用柴油车的排放应使用自由加速试验不透光烟度法进行测试。在机动车保有量大、污染严重的地区，也可以采用加载减速工况法（LUG-DOWN）进行测试。2019 年 5 月 1 日起，将执行新的在用柴油车标准《柴油车污染物排放限值及测量方法（自由加速法及加载减速法）》（GB 3847—2008）。

LUG-DOWN 法首先在底盘测功机上确定车辆的最大功率点，并对发动机最大功率点、最大功率对应转速的 80% 和 90% 转速等三个工况点的排气烟度进行测量。LUG-DOWN 法属于有负荷的检测方法，并且加载水平非常高，因此对于高排放车辆的筛查也更为严格。

我国目前采用的 LUG-DOWN 法检测流程大体由三部分组成，即第一部分是对受检车辆进行的预先检查，以确认受检车辆与登记注册信息是否一致，主要目的是确保排放检测的安全性；第二部分是检查测试系统和车辆的状况是否适合进行检测；第三部分是进行排放检测，排放检测工作由系统控制自动进行，以保证检测过程的一致性和检测结果的可靠性。

LUG-DOWN 法的检测过程主要包括以下步骤：

（1）确认发动机冷却液处于正常温度，如发动机冷却液温度低，应先使发动机充分预热后再进行检测。发动机的预热过程由检测人员手动进行,预热过程应保证发动机处于小负荷工况。

(2)发动机熄火,变速器置空挡,将不透光烟度计的采样探头置于大气中,检查不透光烟度计的零刻度和满刻度。检查完毕后,将采样探头插入受检车辆的排气管中,正确连接不透光烟度计,采样探头的插入深度不应低于400mm。不应使用过大尺寸的采样探头,以免对受检车辆的排气背压造成影响,降低输出功率。在检测过程中,应将采样气体的温度和压力控制在规定的范围内,必要时可对采样管进行适当冷却,但必须避免测量室内出现冷凝现象。

(3)起动发动机,变速器置空挡,逐渐加大油门踏板开度直到达到最大,并保持在最大开度状态,记录这时发动机的最大转速,然后松开油门踏板,使发动机回到怠速状态。

(4)使用前进挡驱动被检车辆,选择合适的挡位,使油门踏板处于全开位置时,测功机指示的车速最接近70km/h,但不能超过100km/h。对装有自动变速器的车辆,不得在超速挡下进行测量。

(5)计算机对按上述步骤获得的数据自动进行分析,判断是否可以继续进行检测,所有被判定为不适合检测的车辆都不允许进行加载减速烟度检测。在确认机动车可以进行排放检测后,底盘测功机将切换到自动检测状态。

(6)检测开始后,检测员始终将油门保持在最大开度状态,直到检测系统通知松开油门为止。在试验过程中,检测员应实时监控发动机冷却液温度和机油压力。一旦冷却液温度超出规定的温度范围或者机油压力偏低时,都必须立即暂停检测。当冷却液温度过高时,检测员应松开油门踏板,将变速器置空挡,使车辆停止运转。然后使发动机在怠速工况下运转,直到冷却液温度重新恢复到正常范围为止。

(7)检测结束后,打印检测报告并存档。

6.4.2　自由加速法

自由加速试验是指发动机在运转状态下,变速器处于空挡状态、离合器接合,对于具有排气制动装置的车辆,蝶形阀应处于全开的状态下,将油门踏板从松开位置迅速踩到全开位置并维持4s后松开。自由加速试验不透光烟度法是指在进行自由加速试验的同时,使用不透光烟度计对发动机的部分或全部尾气进行不透光度的测量。与汽油车的双怠速法类似,自由加速试验不透光烟度法也是一种无负荷的检测方法,其主要检测步骤如下:

(1)目测检测车辆的排气系统的相关部件是否泄漏。

(2)发动机包括所有装有废气涡轮增压的发动机,在每个自由加速循环的开始点均处于怠速状态。对重型车用发动机,将油门踏板放开后至少等待10s。

(3)在进行自由加速测量时,必须在1s内,将油门踏板快速但不猛烈、连续地完全踩到底,使供油系统在最短时间内供给最大油量。

(4)对每一个自由加速测量,在松开油门踏板前,发动机必须达到断油点转速。对带自动变速箱的车辆,则应达到制造厂申明的转速(如果没有该数据值,则应达到断油转速的2/3)。关于这一点,在测量过程中必须进行检查,例如,通过监测发动机转速,或延长油门踏到底后与松开油门前的间隔时间,对重型汽车,该间隔时间应至少为2s。

(5)计算结果取最后三次自由加速测量结果的算术平均值,在计算均值时可以忽略与测量均值相差很大的测量值。

目前,我国许多省份已逐步采用 LUG-DOWN 法取代自由加速试验不透光烟度法作为机动车年检的测试项目,以强化日常管理,防止车辆在实际道路上行驶时产生过多的黑烟排放。而自由加速试验不透光烟度法则被广泛地应用于环保部门日常执法中对于高排放车辆的筛查和判定。

本章小结

本章主要介绍了 I/M 制度的基本概念、发展历程和实施意义,阐述了 OBD 及主要监测项目的工作原理,并结合我国的在用车排放检测法规,介绍了在我国较为常见的 I/M 排放测试方法。

自测题

一、单选题

1.(　　)可以无须底盘测功机进行。

　　A. 双怠速法 　　　　　　　　　B. ASM 法 　　　　　　　　　C. 加载减速法

2. OBD 系统监控车辆排放及相关系统工作状态的频率大致是(　　)。

　　A. 一年一次 　　　　　　　　　B. 每 6 个月一次 　　　　　　　C. 实时监测

3. 针对柴油车的在用车检测方法主要针对的是(　　)污染物。

　　A. CO 　　　　　　　　　　　　B. HC 　　　　　　　　　　　　C. PM

二、判断题

1. 在进行车辆强制维护时,不需要以诊断检测结果为基础。　　　　　　　　　(　　)

2. OBD—Ⅲ和 OBD—Ⅱ系统的区别主要在其遵循了美国标准。　　　　　　　(　　)

3. 对于汽油车,双怠速法可以较好地诊断出 NO_x 排放超标故障。　　　　　　(　　)

三、简答题

1. 什么是 I/M 制度? 实施 I/M 制度的意义何在?

2. 我国目前主要应用的 I/M 检测方法包括哪几种? 分别适合什么样的应用场景?

3. OBD 系统的应用目的是什么? OBD—Ⅲ系统的优势主要有哪些?

第7章 车用燃料与排放

导言

本章主要介绍常见的车用燃料及相应的车用动力装置、不同车用燃料成分和性质对排气污染物的影响规律以及改善车用燃料品质的主要措施。本章的第一、第二节内容属于知识性章节,第三节内容属于了解性内容。

学习目标

1. 认知目标

(1)掌握汽油和柴油的主要性能指标及影响因素。

(2)了解不同组分对汽油和柴油性能的影响规律。

(3)了解不同代用燃料的性能特点。

2. 技能目标

(1)熟悉汽油辛烷值和柴油十六烷值的测试方法。

(2)能够根据柴油机转速选取匹配的柴油十六烷值。

(3)识别马达法辛烷值和研究法辛烷值间的差异。

3. 情感目标

(1)对我国目前的燃料发展水平形成基本认识。

(2)通过燃油性质对排放的影响,建立均衡意识,防止过犹不及。

(3)丰富对车用燃料的了解,培养学习兴趣。

7.1 燃料成分的基本特征及其对内燃机排放的影响

7.1.1 汽油

尽管汽油和柴油的基本成分都是从石油中提炼的烷烃、烯烃和芳香烃等碳氢化合物,但是由于冶炼工艺和发动机性能需求上的差异,汽油和柴油在组分上仍然存在着非常显著的差别。此外,出于对越来越强的动力性、经济性和排放性需求的考虑,汽油对高辛烷值的依赖性逐年增强,在汽油中出现的含氧有机化合物,如醇类和醚类的比例也在逐年攀升。当然,醇类的使用在很大程度上是出于交通领域 CO_2 减排和可再生能源利用的目的,例如,我国在 2017 年下半年宣布,计划到2020年,含有10%体积分数的生物乙醇汽油将在全国范围内供应。

无论汽油的组分如何发展,也无论何种替代能源或添加剂被加入到汽油当中,汽油的理化性质很大程度上都是由其基本成分的物理化学特性和它们各自在燃油中所占的比例决定的。

由于汽油和柴油都不是单一成分的物质,而是由数百种有机化合物混合而成的,它们的蒸发特性难以用一种或几种代表性物质的沸点来进行简单描述,通常的做法是使用蒸馏曲线来描述,即以燃油蒸发出物质的质量百分数(或体积百分数)为横轴,对应的蒸发温度为纵轴绘制的曲线。

汽油机的工作原理要求汽油在压缩过程中能够尽快地蒸发从而实现较高的热效率。为了表征汽油的蒸发性能,汽油的蒸馏曲线上有3个比较重要的特征点被业界广泛的运用,即汽油的 T_{10}、T_{50} 和 T_{90},分别称为10%馏出温度、50%馏出温度和90%馏出温度。有时,T_{90} 也和汽油的终馏温度一同使用,用来表征汽油样品中的重质成分的蒸发性能,因此二者可看作是一组特征点。

10%馏出温度主要与汽油机的冷起动性能有关。如果 T_{10} 温度低,表明汽油中所含的轻质部分在低温条件下容易蒸发,这样一来,在冷起动过程中就有较多的汽油蒸气与空气混合形成可燃混合气,使发动机更容易起动。如果 T_{10} 温度过高,会造成汽油机冷起动困难,CO和THC排放升高。反之,T_{10} 太低则容易造成蒸发损失和在燃油系统中产生气泡,形成气阻。在汽油的组分中,影响 T_{10} 的主要是丁烷和异戊烷。

50%馏出温度主要用于表征汽油中的中间馏分蒸发性的好坏。如果 T_{50} 温度低,汽油中间馏分易于蒸发,有助于缩短汽油机的预热时间,改善发动机的暖机性能,使三元催化转换器能尽快地达到起燃温度,有助于减少发动机的各项污染物排放,同时对车辆的加速性和工作稳定性也有益处。

90%馏出温度与终馏点温度都可以用来判断汽油中难以蒸发的重质成分的含量。如果 T_{90} 温度越低,表明汽油中重馏分含量越少,越有利于可燃混合气均匀分配到各汽缸,同时也可以使汽油的燃烧更为完全,因为重馏分汽油不易蒸发,往往来不及燃烧,从而可能漏到曲轴箱内使发动机的机油稀释,导致润滑恶化。如果 T_{90} 温度过高,也可能会由于燃油燃烧不完全而造成润滑油稀释和燃烧室积炭。过高的 T_{90} 温度还表明燃油中的重质成分偏高,往往还会引起发动机颗粒物质量和数量排放的增加。

为了保证汽油机的燃烧的可控性,避免早燃对性能的影响和对活塞组件的损坏,要求汽油在整个进气、压缩的过程中不易因高温、高压发生自燃,即所谓的抗爆性强。汽油抗爆性的提升是确保发动机可以使用更高压缩比的前提,进而成为改善发动机动力性和经济性的基础。

辛烷值是衡量车用汽油抗爆性好坏的核心指标,汽油的辛烷值越高,其抗爆性能越好,发动机可以使用的压缩比也越高。在高压缩比发动机上使用低辛烷值汽油,不仅不能节约成本,而且会导致发动机的严重损坏。正是出于这方面的考虑,一些针对高原、丛林等恶劣应用场景设计的越野车辆,往往不会使用非常高的压缩比,主要就是为了提高对劣质燃油的适应能力。

在全球范围内,汽油的辛烷值几乎都是用对比实验的方法来确定的。辛烷值测试实验是在专门设计的具有可变压缩比的单缸汽油机上进行的。实验时,用极易发生自燃的正庚烷和抗爆性很好的异辛烷的混合液与被测汽油样品进行比较,当混合液与被测汽油样品在专用发动机上的抗爆程度相同时,则混合液的辛烷值就等于被测汽油样品的辛烷值。混合液辛烷值的计算依据的是正庚烷辛烷值为 0,异辛烷(2.2.—三甲基戊烷)的辛烷值为 100 的约定俗成。因此,混合液的辛烷值实际上就是混合液中异辛烷的体积分数。辛烷值还有研究法辛烷值(RON)和马达法辛烷值(MON)之分,二者的主要差异在于实验条件不同,相比于研究法辛烷值,马达法辛烷值在测试时的实验条件更易使汽油发生自燃。因此,对于同一个汽油样品,马达法辛烷值通常较研究法辛烷值的数值要低。两者的差值称为燃料的灵敏度,用来反映燃料抗爆性能随发动机运转工况改变而发生变动的情况。

不同国家在零售汽油上使用的辛烷值指标有所差异,但大多数国家使用的都是相对较高的研究法辛烷值,我国也是如此。需要说明的是,零售汽油的辛烷值表示的是该燃油的辛烷值下限,例如我国的 92#汽油表示该汽油的研究法辛烷值不低于 92。

在辛烷值的表示方法上,美国与多数国家不同,其使用的是汽油抗爆指数 API。API 是马达法辛烷值和研究法辛烷值的平均数。因此,美国加油站内所贩售的燃油直观上抗爆性差,但实质上是由 50% 的马达法辛烷值权重拉低的缘故。

不同汽油组分的辛烷值差异非常的明显,例如前面提到的在进行汽油样品的辛烷值测定时所使用的正庚烷和异辛烷,其分子量相差很小,但是在自燃性能(抗爆性)上的表现却极为显著

汽油组分的辛烷值主要是由它们各自的分子结构决定的。大体上,分子中具有直链结构的烷烃和烯烃的辛烷值,随着分子中碳原子个数的增加而增加。分子结构中出现的双键、支链和环状等结构都有利于提高汽油组分的辛烷值。

需要特别指出的是,提高汽油中烯烃和芳香烃含量虽然有利于辛烷值的提升,但由于它们自身燃烧性质上的不足,汽油中过高的烯烃和芳香烃含量会对发动机的性能造成不利的影响,特别是近年来受到极大关注的颗粒物排放。正是鉴于此,在各国的汽油标准中,对烯烃和芳香烃的含量均设定了严格的上限。以美国标准为例,汽油中苯的质量分数不得超过 1%,芳香烃的质量分数不得超过 25%。我国国Ⅳ阶段燃油要求苯的含量不得超过 0.8%,芳香烃不得超过 35%,烯烃含量不得超过 18%。因此,提高汽油辛烷值的最有效途径是提高汽油组分中直链烷烃的异构化程度。

综上所述,许多分子中含氧的有机化合物的辛烷值很高,通常作为辛烷值提升剂被加入到汽油中。目前应用最为广泛的辛烷值提升剂是甲基叔丁基乙醚(MTBE)或乙基叔丁基醚(ETBE)。部分研究指出,MTBE 和 ETBE 在某些场景下可能对人体健康产生不利影响,因而业界正在试图寻找合适的替代物。在含有醇类的汽油中,一般无须添加其他辛烷值提升剂。在 MTBE 和 ETBE 大范围应用前,最常见的辛烷值提升剂是四乙基铅(TEL 或(C_2H_5)$_4$Pb)和四甲基铅(TML 或(CH_3)$_4$Pb)。含铅化合物的主要问题在于其对人体和环境的巨大毒害作用。此外,排气中的铅、氯和溴的固体化合物都能沉淀在排气催化转化器的活性表面上,毒化催化转换器的活性表面,造成催化转换器失效。因此,在我国,随着汽油车国Ⅰ标准的实施,含铅汽油已被全面禁止。

类似于铅,一些金属化合物如铁、锰的化合物也具有较好的抗爆性。但是这些物质也或多或少存在一些健康风险和环境风险。我国现行的汽油国家标准中已经明确不允许添加铁、锰化合物。

此前的研究表明,以醇类为代表含氧化合物除了能够提升辛烷值外,还有助于降低汽油发动机的 CO、HC 和颗粒物排放,但对于 NO_x 排放的影响规律不明确。至于醇类降低含碳污染物排放的作用机理,学界尚没有形成统一的认识。此外,汽油中可能会含有极少量的组分分子中存在氮元素。燃料中的氮元素基本会在燃烧的过程中转化为 NO_x,因此燃料含氮会导致车辆和发动机 NO_x 排放的增加。这种存在于燃油组分中的氮元素通常被称为燃料氮,是需要尽量避免的。

7.1.2　柴油

不同于汽油机的工作方式,在柴油机中,柴油通常是在压缩冲程的终了阶段直接被喷入高温、高压的热氛围中的。此时缸内温度高达数百度,因而柴油对整条蒸馏曲线不及汽油敏感和依赖,主要影响柴油和柴油机的燃烧性能指标是蒸馏曲线的末端,即终馏点温度。

通常,柴油终馏点的温度过高,会由于燃油燃烧不完全而造成润滑油的稀释和炭烟排放的形成。作为柴油机颗粒物排放的核心,炭烟的形成条件主要是高温和缺氧。试验研究表明,在均质的柴油—空气混合气中,当燃料的过量空气系数逐渐加大并超过某一个极限值时,就不会再有炭烟形成。一般将这一过量空气系数所对应的极限值称为不冒烟最小过量空气系数。经理论分析表明,柴油机不冒烟的最小过量空气系数为 0.34,远远小于柴油机实际运行中所常用的过量空气系数范围。但是由于柴油机是非均匀混合燃烧,缸内存在的一部分区域,其中的混合气极浓,过量空气系数不足 0.34。因此,柴油机所排放的炭烟实际上是局部浓区内高温、缺氧造成的。

此外,柴油机内炭烟的形成也受柴油中各组分的燃烧化学反应速率的影响。在各种燃料均匀混合的试验条件下测得的不冒烟最小过量空气系数都超过理论值。除了燃料的元素组成以外,分子结构对炭烟的形成也有很大影响。一般来说,分子结构中出现的环状结构以及双键、三键都更容易导致柴油机炭烟的形成,最典型的代表就是芳香烃。

受制于柴油机的工作方式,理想的柴油要有良好的自燃特性,这一点与汽油刚好相反。良好的柴油自燃特性可以用较高的十六烷值来表征。良好的柴油的自燃特性,有助于缩短柴油机的滞燃期,使柴油机的燃烧过程更易控制,进而改善发动机的油耗、排放和工作的平顺性。反之,较低的十六烷值使柴油机的工作变得粗暴且性能恶化。十六烷值过高也会因滞燃期过短,其间准备的可燃混合气量不足而导致缸内部分位置的燃料无法充分混合和完全燃烧,进而致使柴油机的炭烟排放增加。

和测定汽油辛烷值的方法类似,柴油的十六烷值也是在规定的操作条件下,通过在标准试验单缸柴油机中进行对比测试得出的。测定柴油十六烷值所用的标准燃料是由正十六烷和七甲基壬烷组成的混合液。正十六烷极易自燃,在柴油机中滞燃期非常短,因而规定其十六烷值为 100。而七甲基壬烷的自燃性能差,滞燃期很长,规定其十六烷值为 15。当柴油样品的自燃性能与这两种物质的混合液达到一致时,混合液的十六烷值就等同于柴油样品的十六烷值。其中,标准燃料的十六烷值可按下式计算:

十六烷值 $= 100 \times$ 正十六烷的体积分数 $+ 15 \times$ 七甲基壬烷的体积分数

柴油的十六烷值与其组分的分子结构有关。大体上,十六烷值随组分分子链长的增长而提高。在碳原子数相同的各类柴油组分中,正构烷烃,即没有支链结构的烷烃的十六烷值最高,分子结构紧密的烃,如双键、分链和环状烃类的十六烷值相对较低。其中,稠环芳烃的十六烷值尤为低。烯烃、环烷烃的十六烷值介于烷烃与芳烃之间。烃类的异构化程度增加以及环数的增多,都会引起其十六烷值的降低。为了保障柴油机的平稳运转,通常会使用烷烃含量较高的直馏柴油。

综上所述,柴油的十六烷值并不是越高越好,柴油中的烷烃含量增加会导致柴油的凝点升高,加之烷烃的热安定性普遍较差,在柴油机的燃烧初期,部分烷烃易在燃烧室内发生热分解,释放出大量的碳氢碎片,延长了燃烧持续期并导致柴油机颗粒物和多环芳烃(PAH)排放的增加。所以,柴油的十六烷值并非越高越好,通常,将柴油的十六烷值控制在 45～55 之间即可保证柴油机的正常工作,也不会引起污染物排放和油耗的增加。此外,柴油的十六烷值应当与柴油机的结构相适应,柴油十六烷值的选择也可以依据柴油机的转速。转速越高,燃料在汽缸中燃烧的时间越短,同时对十六烷值的要求也越高,柴油十六烷值与发动机的匹配系数为

$$柴油最佳十六烷值 \approx 3.5\sqrt[3]{n}$$

上式的计算结果可以表明,对于现实生活中最为常见的车用中高速柴油机(其转速范围约为 1500～3000r/min 之间),十六烷值比较理想的范围是 45～55。

除了颗粒物之外,柴油的十六烷值对 NO_x 排放也存在着一定的影响。十六烷值较低时,点火延迟期较长,点火前汽缸内形成可燃气体过多,造成预混合燃烧过于剧烈,导致燃烧初期缸内的温度和压力升高过快,机械负荷增大,NO_x 排放量也随之增加。

类似于汽油的辛烷值提升剂,柴油中也会添加一定量的十六烷值改进剂,并且当前使用的柴油十六烷值改进剂的种类十分繁多,主要包括硝酸酯化合物、有机过氧化物、有机硫化合物、二硝基化合物、醚类、脂肪酸衍生物等。不难发现,多数十六烷值改进剂中都含有氮元素或者硫元素,这势必会导致柴油机 SO_2 和 NO_x 排放的增加,在当今的环境治理形势下,显然是难以被接受的。

7.1.3 天然气

天然气的主要成分是甲烷,其分子式为 CH_4。天然气的体积低热值和质量低热值略高于汽油,但理论混合气热值要比汽油低。和汽油相比较,天然气的辛烷值高,适合采用较高的压缩比。与汽油不同的是,天然气与空气同为气相,因此其可燃混合气的混合更加均匀,有助于提升燃烧完善度、降低颗粒物排放量。此外,由于相对于其他燃料,天然气主要组分的分子 C/H 比很小,故而燃用天然气所产生的 CO_2 排放明显减少,这是天然气被众多国家视为清洁能源的一个关键因素。

天然气的缺点在于未经燃烧的甲烷性质稳定,在三元催化转换器中需要更高的温度才能够被氧化,所以天然气发动机的 THC 排放往往比汽油高,并且其中的 90% 甚至更多都是甲烷。需要特别注意的是,甲烷导致大气温室效应的能力,即制暖势比 CO_2 高许多。

天然气在内燃机中的应用方式主要是压缩天然气(CNG)和液化天然气(LNG)两种,由于自然界天然气的储藏量很大,所以天然气是目前应用规模最大的替代燃料。

天然气的主要特性如下：

（1）天然气的主要成分是甲烷，随产地的不同，天然气中的甲烷的含量在83%～99%不等，由于组成的差异，天然气—空气可燃混合气的理论混合比、热值甚至燃烧特性上都存在细微差异。

（2）甲烷的沸点为-162 ℃，常温下处于气体状态，因此与液态的汽油和柴油在运输和储存方法上有很大差异，总体而言，天然气的储运不及液体燃料方便。

（3）天然气的气体燃料特性使其应用与点燃式发动机时，由于燃料的容积流量增加，侵占了吸入发动机的新鲜空气的体积，造成发动机的充气效率下降，发动机输出功率下降到液体燃料的90%左右。

（4）甲烷的辛烷值为130，十六烷值为0，所以天然气不适合压燃，但可以采用由柴油引燃的方式应用于柴油机。

（5）天然气在常温下呈气态，容易形成可燃混合气，且适宜采用稀薄燃烧，这样可以减少CO、HC的排放总量。但稀薄燃烧降低缸内燃烧最高温度的同时，也会增加可用氧含量，所以稀薄燃烧天然气发动机的NO_x排放须引起关注。事实上，随着国内排放标准的不断升级，重型天然气发动机已经很少使用稀薄燃烧技术，而是回归到当量比控制配合三元催化转换器的技术路线，主要就是为了控制NO_x排放。

7.1.4　液化石油气

和天然气不同，液化石油气（LPG）的主要成分为丙烷（C_3H_8）和丁烷（C_4H_{10}）。液化石油气是天然气加工和石油炼制过程中出现的一种副产品。通常情况下，在发动机上使用的LPG是纯丙烷或者丙烷与丁烷的混合物。在大气温度条件下，这两种物质只需稍加压力即可液化。因此，LPG在容器内的贮存压力较低，从而降低了对容器机械强度的要求，LPG气瓶的自重更轻，有利于携带和运输。

LPG的汽化也较为容易，与空气混合的均匀性优于汽油，有利于燃料实现完全燃烧。在物理性质上，丙烷和丁烷不再发生液化的临界温度分别为96.8 ℃和152 ℃，远远低于它们在发动机内的工作温度。因此，即使发动机汽缸内的工作压力再高，LPG中的主要成分仍是以气态存在，从而为LPG与空气的良好混合提供了极其有利的条件，这就是LPG发动机容易获得更加完全燃烧的原因。

LPG在燃烧时，理论上约需30倍其容积的空气与之混合。由于LPG也是在进气道内与空气混合后再流入汽缸的，鉴于通道阻力的增加和排气的预热作用，同天然气发动机类似，LPG发动机的充气效率也不及汽油机高。此外，LPG当量混合气的低热值比汽油机小，所以LPG发动机的输出功率一般略低于汽油机。LPG的物理化学性质决定了其应用于点燃式发动机时的回火风险更小。

由于LPG与空气的混合性能更佳，因此在减少CO，特别是冷起动过程中的CO排放上比汽油更具优势。和汽油的组分相比，LPG的分子量更小，饱和度更高，进而有助于降低THC和PM排放，尤其是一些高毒性的物质，如苯、1,3 - 丁二烯等的排放量较低。但与天然气的燃烧性质类似，液化石油气在缸内的火焰传播速度相对较慢，可能会引起NO_x排放的增加。

7.1.5 醇类燃料

通常所指的额醇类燃料一般为甲醇和乙醇。近年来,针对丁醇的研究热情逐渐升温,一定程度上是由于丁醇的多方面性能类似于汽油。不过,丁醇有限的额来源和高昂的价格势必成为应用的限制。

1. 甲醇

甲醇是一种无色、透明的液体,具有类似乙醇的特殊香气且易于挥发和燃烧。和乙醇相比,甲醇的挥发性略差,所以相对安全。由于甲醇分子中的氧元素的质量分数高达50%,其理论空燃比仅为6.5,远小于汽油和其他醇类燃料。相较于汽油,甲醇的密度略大,体积低热值不足汽油的一半,闪点和自燃温度较高,汽化潜热很大且点火所需的最低能量略高,这一系列理化特性使得甲醇作为点燃式内燃机燃料时的低温冷起动性能不理想,这也是长期以来制约甲醇燃料发展的关键因素之一。但是,甲醇的抗爆性显著优于汽油,着火界限宽,并且层流火焰速度快,这些都有助于提高发动机的热效率。

2. 乙醇

乙醇也是一种无色、有强挥发性和刺激性气味的液体。其分子内的氧元素质量分数略低于甲醇。甲醇和乙醇在性质上具有很多类似之处,因此在作为发动机燃料时也表现出了十分相似的性质。和甲醇相比,乙醇的毒性略小,加之人类早已掌握了从粮食转化乙醇的技术,因此在欧美发达国家,乙醇作为代用燃料的应用规模显著大于甲醇。为了降低机动车的CO_2排放量,我国也制定了生物来源乙醇汽油的应用推广方案。计划到2020年,含有10%生物乙醇的汽油将在全国供应。

和汽油相比,燃用甲醇和乙醇都能够有效地减少CO、THC和PM的排放。现有的研究对于燃用醇类对NO_x排放的影响结论统一。需要值得注意的是,燃用醇类燃料会产生额外的醛类排放,以甲醛和乙醛为主,可能在特定场合下,如通风不畅的地下车库,会对人体健康造成一定的危害。随着发动机和后处理技术的进步,来自于甲醇和乙醇汽车的醛类污染物已经下降到和汽油车相同的量级。

7.1.6 氢

氢在理论上是最理想的车用清洁燃料。在车用动力上,氢既可以在发动机内直接燃烧,也可以作为动力燃料电池的燃料。目前限制氢气大规模应用的,主要是其高昂的生产成本和储运难度。

在发动机上直接燃烧时,由于氢气是无碳燃料,燃烧后不产生含碳的污染物(极少量含碳污染物来自于润滑油),所以氢发动机仅需控制NO_x的排放量。经实验研究表明,当氢、空气混合气的过量空气系数超过2.0时,NO_x的排放量很低;即使混合气过浓,如过量空气系数近于1,在部分负荷工况下,氢发动机的NO_x排放量也能得到一定的控制,但在大负荷工况下,燃烧温度升高,NO_x排放会成为严重问题。

氢气在常态下是无色无味的气体。氢气的密度很小,其质量只有同体积空气质量的

1/14.4,加大压力和降低温度时,氢气可以变成无色液体,液态氢的沸点非常低,约-253℃,氢气的质量热值是普通汽油的2.7倍,因而在燃烧时可以放出大量的热。不过氢气—空气当量混合气的单位体积热值非常低,导致氢发动机的动力性很不理想。针对这一问题,目前的应对方案是增压。

氢燃料燃烧的特点如下:

(1)氢气—空气混合气的着火界限很宽广,当空气中氢气的体积浓度在4%~75%的范围内时,均可以顺利燃烧。

(2)氢气需要的点火能量非常低,与其他燃料相比,相差约一个数量级,因而着火性能优越,几乎不存在点火延迟。

(3)氢火焰传播速度快,约为普通燃料的7~9倍,对提高发动机工作的等容度,提高效率非常有利。但同时由于这一特点,氢发动机不适宜采用浓混合气工作,因为混合气浓时,氢的火焰传播速度进一步加快,使得汽缸内的压力、温度升高率过快,容易引起异常燃烧并使NO_x生成量增加。

(4)氢完全燃烧后,容积大幅缩小,有利于提高发动机的充气效率。

(5)虽然氢发动机允许燃烧稀混合气,但是当混合气过稀时,会使燃烧速度大幅降低,燃烧过程会一直延续到排气甚至是下一循环的进气行程,导致回火等异常燃烧现象的发生以及发动机工作不稳定。

7.2　改善燃油品质的措施

7.2.1　燃油降烯烃

蒸馏所获得的直馏汽油,是根据原油中各成分的蒸发性不同进行蒸馏而得到的汽油。直馏汽油的主要组成是烷烃,其辛烷值通常很低。过去以直馏成分为主的汽油只有在大量添加含铅化合物之后才能使用。现代汽油中,直馏成分的比例占体积分数的不到20%,并且都是其中辛烷值较高的部分,如丁烷和异戊烷等。大部分直馏汽油都需要进行催化重整,以提高其中的辛烷值。

通过蒸馏法获得的直馏汽油,不仅品质差,而且从数量上也不能满足内燃机对汽油的要求。因此,需要对蒸馏后所剩的沸点较高的原油进行热裂解或催化裂解,以获得低沸点的燃油,进而使得催化裂解产物成为了汽油中比较主要的成分。

所谓催化裂解产物是指对烷烃含量很高的直馏汽油进行固定床催化重整(异构化和脱氧)而成的产物。催化裂解产物具有对一般汽油机足够的辛烷值。但是催化裂解产物的问题在于,其中的烯烃和芳香烃的含量较高。此外,芳香烃中的苯、甲苯和二甲苯等都是重要的化工原料,它们常在热裂解的过程中被分离。因此,热裂解的产物中最主要的用于汽油的成分是具有较高含量烯烃的部分。为了控制机动车的尾气排放,同时限制机动车尾气排出后形成二次臭氧污染,目前各国的排放标准中都对汽油中的烯烃和芳香烃含量进行了严格限制。

降低燃油中烯烃含量的主要目的在于,烯烃的分子结构中具有双键,使得这类物质在空气中的氧安定性不好。如果生产后的燃料无法及时被销售和消耗,烯烃含量较高的汽油会在较短时间内发生变色,严重者甚至会出现结胶现象。

燃用烯烃含量较高的汽油可能会导致发动机的喷油嘴、气门等处出现较多沉积物,从而导致车辆的动力性、经济性和排放性方面均出现恶化。

总体而言,汽油中的烯烃含量对 CO 排放的影响不大。在此前的研究中,烯烃含量的改变造成 THC 和 NO_x 排放有升有降、结论不一。但近几年开展的大量研究均指出,烯烃含量的提高可能会导致汽油机,特别是直喷汽油机的颗粒物排放显著升高。因此,在我国严峻的环境治理形势下,燃油降烯烃是势在必行的。

燃油降烯烃的主要技术途径是借助加氢工艺,降烯烃转化为烷烃。烯烃烷基化的产物也因此成为现代汽油中的重要组成部分。烯烃烷基化产物的主要成分是异构烷烃,具有较高的辛烷值。其反应途径主要发生于异丁烷和烯烃之间。

7.2.2 燃油降硫

汽油中的硫分是非常有害的,它会在富氧条件下附着在贵金属催化剂的表面,使催化剂暂时中毒,虽然这个过程是可逆的,但高硫分汽油仍然会降低催化剂的转换效率。实验证明,将汽油中的硫分从 0.09% 降到 0.01% 时,有催化剂控制的汽车尾气中三种污染物的排放均可以降低 10% ~ 15%,排放控制技术水平越高的车辆,对硫分的敏感程度也越高。

此外,燃料中的硫还会直接产生 SO_2,进而形成硫酸盐和硫化氢的排放。SO_2 是形成酸雨的主要原因。

柴油的燃料特性与柴油机性能和排放之间的关系比较复杂,特别 NO_x 与微粒之间存在"此消彼长"的矛盾关系。对柴油机排放影响最大的燃料指标有硫含量、十六烷值和芳香烃的组成含量。十六烷值和芳香烃含量之间是密切相关的,芳香烃含量越低,则十六烷值越高;反之亦然。另外,燃料添加剂的使用对排放也会产生比较大的影响。

未经脱硫处理的柴油硫含量比较高,质量分数通常在 0.1% ~ 0.5% 之间。大部分燃料硫分在尾气中以 SO_2 的形式排入大气,在柴油车保有量比较大的地区,柴油车排放已成为环境大气中 SO_2 污染的主要来源之一。柴油车尾气中的剩余硫分则主要转化为硫酸盐,以微粒形式排放,是导致雾霾天气的一大主因。重型柴油机中约有 1% ~ 3% 的燃料硫分转化为微粒,轻型柴油机的转化率在 3% ~ 5% 左右。柴油机通常排放的含硫微粒量占总微粒排放量的 10% 以上。

由于柴油车上广泛使用的氧化型催化剂(DOC)通常也会将 SO_2 转化为 SO_3,并进一步形成微粒排放。因此柴油中较高的硫含量会影响氧化型催化转换器的净化效果(硫含量大于 0.05% 就会产生不利影响),成为了制约氧化型催化剂或氧化型微粒捕集器(DPF)的应用的主要障碍。特别是对于 DPF,此前报道中催化型 DPF 对硫的最大耐受能力仅为 50ng/kg,因此燃油降硫不仅是为了降低由硫本身带来的污染,更是为了消除硫对新技术应用的阻碍,从而使柴油机更加清洁。

在炼油工艺中,降低柴油中含硫量是通过加氢产生硫化氢而实现的。有报道称这一过程增加了炼油过程的能源消耗和 CO_2 的排放。因此,降低柴油中的含硫量必须综合考虑炼油厂和内燃机及排气净化装置的技术水平。目前,我国与欧洲共同执行的燃油硫含量标准均为10mg/kg,美国标准要求的硫含量为15mg/kg。

7.3 车用低污染燃料及动力装置

7.3.1 氢发动机

目前,氢气的来源主要由水进行裂解获取,氢来源于各种工业副产品。尽管氢气不像石油、天然气等有较大的自然储量,但作为氢气来源的水资源却是极其丰富的,而且氢气燃烧后生成水,污染排放物很低,因此氢气汽车是解决汽车尾气危害和能源持续利用问题的长远办法之一。近期,由于在氢气燃料的制取、存储及充气站建设方面存在诸多的问题,所以燃氢汽车短时间内很难大范围推广。

氢气作为车用能源,从化学能转变为机械能,即汽车动能,有两种基本的途径:

(1)由氢气燃料的化学能,经过热能,再转变为机械能,即作为发动机的燃料燃烧做功。

(2)由氢气燃料的化学能,经过电能,再转变为机械能,即燃料电池。

氢既可以单独作为内燃机的燃料,也可以与汽油作为混合燃料。氢气的单位重量能量密度高,可燃界限宽,空燃比变化时均可稳定燃烧,自燃温度高,但要求的点火能量低,燃烧速度比碳氢燃料要快得多,低温下容易起动,热效率比汽油高,污染较少。氢是一种良好的内燃机燃料,但亟待解决的是燃料成本、供应和NO_x排放控制等问题。

宝马公司BMW 735i大型轿车所配备的采用氢气为燃料的3.5L 6缸火花点火式发动机的示意图如图7-1所示。液态氢(LH_2)贮存在特制的圆柱形绝热容器中,该绝热容器为114L,车辆每次加入的液态氢可供汽车行驶299km。该汽车保留了原来的汽油喷射系统,只要拨动一下燃料转换开关,就可以选择汽油或氢气燃料工作。当选用氢气作为燃料时,从瓶内输出的液态氢从蒸发器吸收热量变为气态氢,与目前的连续燃油喷射类似,气态氢由喷嘴喷到进气门处。由于氢的点燃范围很宽(在空气中的浓度从5%~75%),因此可以进行浓混合气燃烧和稀混合气燃烧。从安全考虑,倾向于稀薄燃烧,但这样会影响功率输出。

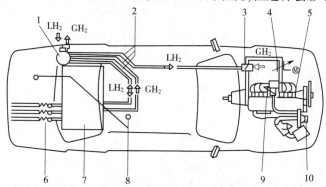

图7-1　宝马公司BMW 735i氢气发动机轿车

1-充加LH_2燃料和供给GH_2燃料的阀体(真空绝缘);2-氢供应管路(真空绝缘);3-LH_2蒸发器;4-电控计量阀;5-氢燃料喷嘴;6-过载安全阀;7-真空绝缘的LH_2罐;8-氢泄漏监测传感器;9-电控汽油供给节气门;10-变速离心式增压器

7.3.2 燃料电池发动机

燃料电池汽车是借助燃料电池,以燃料(H_2、甲醇等)和空气(主要是其中的 O_2)的电化学反应所产生的电能来驱动电动机行驶的车辆,其主要动力源为燃料电池组。

燃料电池正以其特有的燃料效率高、质量能量大、大功率供电时间长、使用寿命长、可靠性高、噪声低及不产生有害排放物 NO_2 等优点引起世界各国的注意。与内燃机汽车相比,氢燃料电池电动汽车有害气体的排放量可减少99%,CO_2 的生成量减少75%,燃料电池能量转换效率约为内燃机效率的2.5倍,这种电池将有可能成为继内燃机之后的汽车最佳动力源之一。

近年来,一些厂家如通用、福特、戴姆勒—克莱斯勒、丰田、本田、日产等公司都开发了各自的燃料电池电动汽车(Fuel Cell EV,简称 FCEV)。汽车界人士认为 FCEV 是汽车工业的一大革命,是21世纪真正的纯绿色环保车,是最具实际意义的环保车种。

燃料电池电动汽车实质是电动汽车的一种,在车身设计、动力驱动系统、控制技术等方面,燃料电池电动汽车与普通电动汽车基本相同,主要区别在于动力电池的工作原理不同。一般来说,燃料电池是通过电化学反应将化学能转化为电能,电化学反应所需的还原剂一般采用氢气,氧化剂则采用氧气。因此最早开发的燃料电池电动汽车多是直接采用氢燃料,氢气的储存可采用液化氢、压缩氢气或金属氢化物储氢等形式。

日本丰田公司在1996年北京国际电动汽车展览会上展出的氢燃料电池电动汽车(FCEV)如图7-2所示。其动力组件:驱动电机为永磁同步型,最大输出功率为45kW,最大转矩为165Nm,燃料电池为 PEMFC(质子交换膜式),额定输出功率为20kW,氢储存装置为吸氢合金。车辆性能:最高车速100km/h 以上,加一次氢后的续驶里程可达250km。

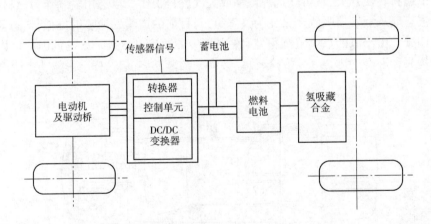

图 7-2　丰田公司的氢燃料电池电动汽车结构布置图

目前,氢燃料电池的制造和研发成本高昂。我国已经将氢燃料电池纳入新能源汽车行列,并由国家和地方两级财政对氢燃料电池汽车给予高额的政府补贴。无论是对于乘用车还是商用车,每台车的补贴力度均达数十万元。

为了促进 FCEV 的商品化和推广普及,世界上各大汽车公司纷纷推出了通过燃料重整反应制取氢气的技术,可使用多种碳氢燃料,包括醇类燃料、天然气等。目前,福特公司与 Mobile 石油公司一起开发更具实际意义的车载汽油改质氢燃料电池车(FCEV),这对汽油改质氢 FCEV 的早日实用化及 FCEV 的普及推广具有重要意义。

7.3.3　气体发动机

目前,天然气采用常压贮存的气包式常压天然气汽车已十分少见了,一般都是采用气瓶盛装的压缩天然气汽车,将天然气压缩至 20MPa 左右贮存在高压气瓶中,但仍然存在天然气的储存能力较小、气瓶自重较大等缺点。液化天然气汽车所携带的燃料是将深冷至 −162℃ 的 LNG 储存在低压低温绝热容器中,容器自重较轻,存储能力较大,但生产 LNG 投资费用及能耗高,经济效益比 CNG 差。另外,储存 LNG 对容器的绝热保温能力要求高。吸附天然气汽车所携带的天然气燃料采用活性炭等吸附剂吸附。该活性炭颗粒结构中微孔多,适合大量吸附天然气。目前,吸附天然气汽车仍处于研究开发阶段。尽管各种天然气汽车的天然气燃料贮存状态及储存容器不同,但发动机本身的结构及工作情况基本相同。技术最成熟并得到广泛推广使用的天然气汽车主要是压缩天然气(CNG)汽车。

压缩天然气汽车燃料系统近几十年内,获得了长足的发展,从早期的机械式供给装置发展到现在的电子控制系统。大众汽车公司生产的轻型压缩天然气商用车燃料系统如图 7-3 所示。该车采用天然气燃料与汽油兼用的方案,通过对两种燃料的任意选择来保证高度的灵活性。

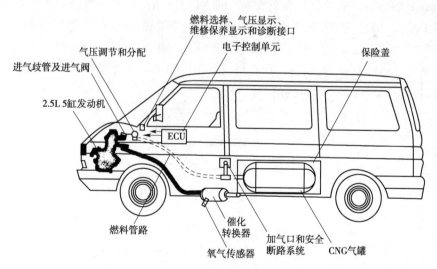

图 7-3　大众汽车公司轻型压缩天然气商用车燃料系统

天然气供气系统采用荷兰 TNO 研究所开发的多点电控喷气系统,如图 7-4 所示。MEGA 压力调节器将天然气压力减至最大 195kPa,并随进气管压力自动补偿。燃料分配器对天然气喷射量的控制是通过步进电机控制天然气的流通截面实现的。该系统具有自动学习功能。

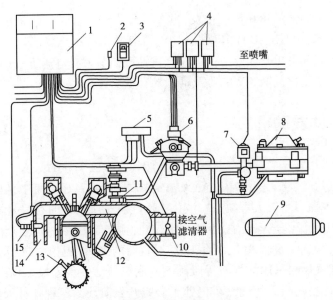

图 7-4　TNO 系统

1-控制单元;2-检测接口;3-开关(仪表板);4-继电器;5-压力传感器;6-天然气分配器;7-电磁阀;8-减压器;9-天然气气瓶;10-节气门位置传感器;11-喷嘴;12-进气歧管;13-转速传感器;14-排气管;15-氧传感器

　　液化石油气发动机是一种比较成熟的机型,美国、日本、俄国等国家都有一定批量的产品。由于它的动力性和汽油机相近,排放性能比汽油机好,所以主要用于城市交通车辆的动力。

　　当 LPG 燃料以气态形式供给汽车发动机时,其燃料系统与天然气燃料系统的结构及工作原理基本类似。除此以外,LPG 除了采用气态形式喷射外,还能在中等压力下以液态形式喷射,如图 7-5 所示 Vialle 的 LPI 系统,该系统能实现 LPG 发动机与汽油喷射相同的性能及可靠性。当发动机以 LPG 为燃料运行时,仍可使用汽油发动机管理系统对其控制,因为两种燃料都是以液态形式喷入发动机内的。

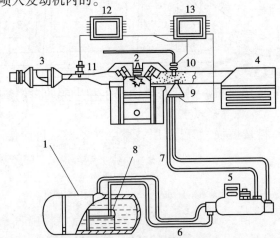

图 7-5　Vialle 液态丙烷喷射系统(LPI)方案

1-气瓶;2-火花塞;3-催化转换器;4-空气滤清器;5-压力调节器;6-燃料供给管路;7-燃料回流管路;8-LPG 燃料泵;9-LPG 喷射器;10-汽油喷射器;11-氧传感器;12-汽油 ECU(电子控制单元);13-LPG 电子控制单元

　　LPI 系统包括一个位于气瓶内的 LPG 燃料泵,燃料泵压缩 LPG 燃料并促使其循环以防止 LPG 在喷射器底部附近汽化。压力传感器置于喷射器的下部,以保持液态 LPG 的压力比气瓶中的压力高 5×10^5 Pa,从而达到防止燃料汽化的目的。LPG 喷射器置于进气歧管的进气口,它把 LPG 顺序地喷射到每一缸的进气门前。多余的 LPG 则经压力控制单元回流至气瓶。输出到 LPG 喷射器的信号实际上来自于汽油微处理器。由于两种喷射器具有可兼容性,汽油的喷射控制信号可用作 LPG 微处理器的输入信号。LPI 系统的扩展功能包括随车诊断、自学习模块、减速控制(减少燃料供给)、点火控制等。

7.3.4　醇类燃料发动机

　　甲醇作为替代燃料的应用方式主要有两种:一种是直接燃用纯甲醇(M100)或者含有少量汽油的甲醇以改善冷起动性能,如 M85;另一种则是以较低的比例混入汽油中,配制低比例甲醇汽油,在我国以 M15(汽油中含有体积分数为 15% 的甲醇)的应用最为广泛。使用低比例甲醇汽油的优势在于少量的甲醇掺混不会对现有车辆的控制系统造成影响,应用和推广的门槛低。纯甲醇和 M85 汽车需要对车辆的发动机和燃料供给系统进行专门的设计和标定,储运、加注等基础设施需要新建,前期投入高,但是车辆性能稳定,管理风险和管理难度比低比例甲醇汽油小。

　　通过多年的试验研究结果证明,使用甲醇或甲醇—汽油的混合燃料是可行的。汽油机在燃烧甲醇—汽油混合燃料时,由于其抗爆性的提高,可以将压缩比提高 10%。为了改善混合气的形成,可以加强进气管的预热,发动机的输出功率和燃料消耗率与原汽油机相当。试验证明,使用甲醇或甲醇—石油混合燃料时,最好使用直接喷射的供油方法。它的优点是燃料计量准确,喷入的甲醇在汽缸内的汽化快,由于甲醇比热大,喷入燃烧室内可以加强冷却,使燃气温度下降,抑制 NO_x 的生成。

　　与汽油机相比,燃用甲醇汽油的混合燃料在混合气较稀,HC 和 CO 的排放明显下降, NO_x 的排放减少会少一些。甲醇燃料的主要问题是甲醇具有毒性,需要防治,另外甲醇的腐蚀性较大,因此改烧甲醇的发动机应对其供油系统进行改造。

　　总的来说,燃用甲醇或其混合物时,可以提高发动机的功率并改善排放,显示出这种燃料竞争能力,甲醇可以从煤中提炼获得,制取手段比较经济,因此目前普遍认为它是一种比较成熟的石油产品代用燃料。可交替燃用汽车和甲醇的多燃料汽车示意图如图 7-6 所示。

　　乙醇生产的主要原料是植物,如巴西用甘蔗生产乙醇。目前使用的乙醇燃料主要有 E85(由 85% 乙醇和 15% 汽油调和而成)和 E95(95% 乙醇和 5% 汽油的混合物)。乙醇还被用作汽油的添加剂,提高汽油的抗爆性,汽油中加入约 10% 的乙醇或乙基叔丁醚(ETBE),比传统的汽油减少 30% 左右的颗粒物排放。

　　在欧美,乙醇单一燃料的车辆较为少见,但是既能燃用乙醇又能燃用汽油的灵活燃料车(Flex-fuel vehicle)却相当普遍。一般来说,灵活燃料车的供油系统内布置有用于检测油品内醇类浓度的物理传感器。ECU 可根据传感器的检测值来调整喷油量和点火提前角,从而保证车辆对所有比例的油品都能有良好的适应性。一些政府还会给予购买灵活燃料车的用于一定比例的补贴,以推动可再生能源在交通领域的应用。

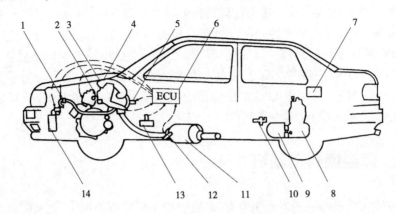

图 7-6 可交替燃用汽油和甲醇的多燃料汽车

1-进气系统;2-爆震传感器;3-火花塞;4-喷油器;5-EGR 反馈;6-电子控制单元;7-甲醇(M85)或无铅汽油转换开关;8-燃油泵及油量传感器;9-氟化高密度聚乙烯燃料箱;10-燃料滤清器;11-三元催化剂;12-氧传感器;13-燃料组分传感器;14-汽化控制系统及炭罐。

7.4 车用燃料标准与实施

车用燃料是机动车环境管理的重要内容,其对机动车排放的影响随着排放标准的提升日益凸显。尽管新能源汽车发展日益加快,但未来相当长一段时间内,传统化石燃料(汽油和柴油)仍是车用燃料的主要来源。所以,改善汽油和柴油的品质,仍是机动车环境管理的重要手段。从技术上来说,车用汽油的发展方向是无硫化、降低烯烃、芳烃和夏季蒸气压值;车用柴油的发展方向是无硫化、提高十六烷值和降低多环芳烃含量。同时,乙醇汽油和生物柴油将作为我国发展替代能源、减少原油依赖的重要措施,已在多个省市得到推广,其对环境的影响也应着重关注。

7.4.1 车用燃料标准实施

目前,我国车用燃料环境管理范围包括汽油(含车用乙醇汽油)、柴油(含车用柴油、普通柴油和生物柴油)、油气回收等。截至 2017 年 12 月 31 日,我国目前正在执行的车用燃料相关标准见表 7-1。

现行车用燃料标准   表 7-1

燃料类型	标准名称
汽油标准	GB 17930—2016《车用汽油》
	GB 18351—2017《车用乙醇汽油(E10)》
	GB/T 22030—2017《车用乙醇汽油调合组分油》
	GB/T 23799—2009《车用甲醇汽油(M85)》
	GB/T 23510—2009《车用燃料甲醇》

燃料类型	标准名称
柴油标准	GB 19147—2016《车用柴油》
	GB 252—2015《普通柴油》
	GB 25199—2017《B5 柴油》
油气排放控制标准	GB 20950—2007《储油库大气污染物排放标准》
	GB 20951—2007《汽油运输大气污染物排放标准》
	GB 20952—2007《加油站大气污染物排放标准》
	GB 50156—2012《汽车加油加气站设计与施工规范》
	GB 50759—2012《油品装载系统油气回收设施设计规范》
清净剂标准	GB 19592—2004《汽油清净剂》
	GB 32859—2016《柴油清净剂》
氮氧化物还原剂标准	GB 29518—2013《柴油发动机氮氧化物还原剂尿素水溶液》

7.4.2 车用汽油标准环保指标

按照《关于印发〈加快成品油质量升级工作方案〉的通知》（发改能源〔2015〕974 号）的要求，2017 年 1 月 1 日起，全国实施车用汽油（含 E10 乙醇汽油）国 Ⅴ 标准，同时停止销售低于国 Ⅴ 标准车用汽油。按照《京津冀及周边地区 2017 年大气污染防治工作方案》规定，2017 年 10 月 1 日起，"2 + 26"城市已全部供应符合国 Ⅵ 标准的车用汽油。《关于扩大生物燃料乙醇生产和推广使用车用乙醇汽油的实施方案》要求，在全国范围推广使用车用乙醇汽油。

2017 年，我国车用汽油主要环保指标规定及实施时间见表 7-2。

车用汽油环保指标 表 7-2

环保指标	GB 17930《车用汽油》国 Ⅴ	GB 17930《车用汽油》国 ⅥA*	GB 17930《车用汽油》国 ⅥB	GB 18351《车用乙醇汽油（E10）》国 Ⅴ	GB 18351《车用乙醇汽油（E10）》国 ⅥA	GB 18351《车用乙醇汽油（E10）》国 ⅥB
硫含量（ppm）	≤10	≤10	≤10	≤10	≤10	≤10
夏季蒸气压（kPa）	40 ~ 65	40 ~ 65	40 ~ 65	40 ~ 65	40 ~ 65	40 ~ 65
烯烃（%）	≤24	≤18	≤15	≤24	≤18	≤15
锰含量（mg/L）	≤2	≤2	≤2	≤2	≤2	≤2
芳烃 + 烯烃（%）	—	—	—	—	—	—
芳烃（%）	≤40	≤35	≤35	≤40	≤35	≤35
实施日期	2017 年 1 月 1 日	2019 年 1 月 1 日	2023 年 1 月 1 日	2017 年 1 月 1 日	2019 年 1 月 1 日	2023 年 1 月 1 日

注：* 自 2017 年 10 月 1 日起，"2 + 26"城市全部供应符合国 Ⅵ 标准的车用汽油。

"2 + 26"城市包括北京、天津、石家庄、唐山、保定、廊坊、沧州、衡水、邯郸、邢台、太原、阳泉、长治、晋城、济南、淄博、聊城、德州、滨州、济宁、菏泽、郑州、新乡、鹤壁、安阳、焦作、濮阳、开封。

7.4.3　车用柴油标准环保指标

按照《关于印发〈加快成品油质量升级工作方案〉的通知》(发改能源〔2015〕974号)的要求,2017年1月1日起,全国实施车用柴油(含B5生物柴油)国Ⅴ标准,同时停止国内销售低于国Ⅴ标准车用柴油。2017年7月1日,全国全面供应国Ⅳ标准普通柴油,同时停止国内销售低于国Ⅳ标准的普通柴油。2017年11月1日起,全国供应与国Ⅴ标准车用柴油相同硫含量的普通柴油(以下简称国Ⅴ标准普通柴油),停止销售低于国Ⅴ标准普通柴油。

按照《关于普通柴油质量升级的公告》(2017年第4号)要求,2017年7月1日起,全国全面供应硫含量不大于50mg/kg的普通柴油,同时停止国内销售硫含量大于50mg/kg的普通柴油;鼓励有条件地区提前供应硫含量不大于10mg/kg的普通柴油。

按照《京津冀及周边地区2017年大气污染防治工作方案》规定,"2+26"城市应率先完成城市车用柴油和普通柴油并轨,同年9月底前,全部供应符合国Ⅵ标准的车用柴油,禁止销售普通柴油。同年6月底前,区域内高速公路、国道和省道沿线的加油站点均须销售符合产品质量要求的车用尿素。

2017年,车用柴油、普通柴油环保指标规定及实施时间见表7-3、表7-4。

车用柴油(0#)环保指标　　　　　　　　　　　　　　表7-3

环保指标	GB 19147《车用柴油》Ⅴ	GB 19147《车用柴油》* Ⅵ	GB 25199《B5车用柴油》Ⅴ	GB 25199《B5车用柴油》Ⅵ
硫含量(ppm)	≤10	≤10	≤10	≤10
十六烷值	≥51	≥51	≥51	≥51
密度(kg/m³)	810~850	810~845	810~850	810~845
多环芳烃(%)	≤11	≤7	≤11	≤7
润滑性、磨斑直径(μm)	≤460	≤460	≤460	≤460
实施日期	2017年1月1日	2019年1月1日	2017年1月1日	2019年1月1日

注:* 自2017年10月1日起,"2+26"城市全部供应符合国Ⅵ标准的车用柴油。

普通柴油(0#)环保指标　　　　　　　　　　　　　　表7-4

环保指标	GB 252《普通柴油》*			GB 25199 B5《普通柴油》
硫含量(ppm)	≤350	≤50	≤10	≤10
十六烷值	≥45			≥45
密度(kg/m³)	报告			报告
实施日期	2013年7月1日	2017年7月1日	2017年11月1日	2017年9月7日

注:* 自2017年10月1日起,"2+26"城市禁止销售普通柴油。

7.4.4　燃油消耗量

2010~2017年,全国汽油消费量由7175.0万t增加到12178.0万t,年均增长7.9%;柴油消费量由15622.6万t增加到16604.0万t,年均增长0.9%。

2010～2017年燃油消耗量情况如图7-7所示。

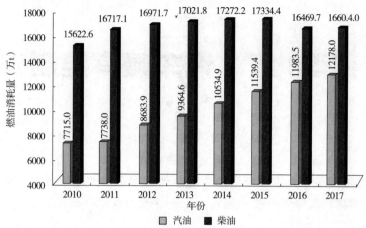

图7-7 2010～2017年燃油消耗量情况

本章小结

本章介绍了汽油、柴油和常见代用燃料的性质和对发动机排放的影响；着重介绍了燃油降烯烃和降硫对改善发动机排放的作用；并结合第一节中介绍的几种燃料，介绍了各种燃料发动机目前的应用情况。

自测题

一、单选题

1.（ ）的辛烷值最低。

    A.直链烷烃   B.芳香烃   C.支链烯烃   D.甲烷

2.（ ）的十六烷值最高。

    A.直链烷烃   B.芳香烃   C.支链烯烃   D.丙烷

3.（ ）的燃烧过程中不产生含碳产物。

    A.汽油   B.乙醇   C.氢气   D.煤气

二、判断题

1.氢气只适合作为燃料电池的燃料而无法直接在内燃机中燃烧。   （ ）

2.燃用天然气和液化石油气等气体燃料有助于提高发动机的充气效率。 （ ）

3.柴油的十六烷值越高，发动机的性能越好。   （ ）

三、简答题

1.汽油和柴油的性质主要由哪些参数来体现？

2.燃油降烯烃和燃油降硫对排放有什么影响？

3.简述分子结构对汽油辛烷值的影响规律。

第8章 汽车噪声控制

导言

本章主要介绍汽车噪声基础知识以及发动机的主要噪声源等内容。通过学习本章内容,力求使学生掌握汽车噪声的相关基础知识,为学生继续学习相关章节打下坚实的基础。

学习目标

1. 认知目标
(1)理解声波产生和传播的基本条件。
(2)掌握声速的传播规律。
(3)了解声压和声强的定义。
2. 技能目标
(1)熟悉风扇噪声控制。
(2)熟悉声级计的计权网络。
(3)熟悉发动机噪声控制的手段。
3. 情感目标
(1)初步养成自觉遵守国家标准的习惯。
(2)培养一丝不苟、严肃认真的工作作风。
(3)增强空间想象能力和思维能力,提高学习兴趣。

8.1 噪声基础知识

噪声来源于振源振动,通过周围介质产生波动——声波,传播到人耳引起耳膜作相应振动,通过听觉神经使人产生声音感觉。因此,声波的产生和传播要具备三个基本条件:

(1)作为声源的物体(介质或者媒质)的振动。

(2)声音传播介质,固体、液体或者气体都可以传播声波,空气就是主要的传播介质,空气中声音的传播速度一般在 340m/s 左右。一般情况下,声音在固体和液体中传播的速度比空气中快的多。

(3)人的感觉器官,人耳是声音传播的最终的接收和判别器官,人耳除受到物理量影响之外,还受人体心理和生理等复杂因素的影响。

声音以波动的方式传播时,传播介质质点仅在各自的平衡位置附近振动,并不随声波的

146

传播而前进。声波传播的只是物体振动能量的传播,也就是说,它传播出去的只是物质的运动而不是物质本身。声波和振动是紧密相连的运动形式,振动是声波产生的根源,而声波是振动的传播过程。

8.1.1 声波

1. 频率

声波每秒的振动次数,称为频率,单位是赫兹(Hz)。通常人耳只能感受到 20～20000Hz 频率范围内的声音。高于 20000Hz 的声波称为超声,低于 20Hz 的声音称为次声。人耳一般感觉不到超声和次声,超声和次声广泛应用在医学检测和工业检测等领域以及国防工业领域。

2. 声速

声波在媒质中传播的速度称为声速,声波传播媒质不同,声速也不同,表8-1 中列出了几种媒质中的声速值。声速 c 还随媒质温度的 t 变化而改变,空气中的声速可以按下式进行计算:

$$c = c_0 + 0.6t \qquad (8-1)$$

式中:c_0——0℃时空气中的声速,$c_0 = 331.5\text{m/s}$;

t ——空气的温度,℃。

几种媒质中的声速   表 8-1

媒 质	温度(℃)	声速(m/s)	媒 质	温度(℃)	声速(m/s)	媒 质	温度(℃)	声速(m/s)
空气	0	331.5	水蒸气	100	471.5	钢	—	5050
水	17	1430	铸铁	—	3850	铝	—	5250

声波的波长 λ、频率 f 与声速 c 之间有如下关系:

$$\lambda = c/f \qquad (8-2)$$

声波和其他形式的波一样能发生反射、折射、绕射、干涉和共振等现象。

3. 噪声

噪声是一种声波,具有一切声波运动的特点和性质。噪声就是使人烦恼的、讨厌的、不被需要的声音,并希望利用一定的噪声控制措施消除掉的声音的总称。在示波器上观察到的噪声的波形,一般都是不规则和无调的,不像纯音和音乐那样,和谐而有调。噪声、纯音和乐音的波形如图 8-1 所示,噪声和振动都是由大量频率不同的简谐振动组成。

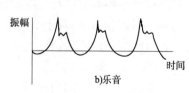

a)纯音

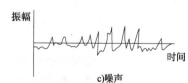

b)乐音

c)噪声

图 8-1 纯音、乐音和噪声波形

8.1.2 声强和声压

1. 声音的物理度量

(1)声强(I)

声音具有一定的能量(声能),声学中规定,在垂直于声波传播方向的单位面积上,单位时间通过的声能称为声强 I（$\mathrm{W/m^2}$）。当声强的数值小到一定程度时，人耳就感觉不到了。国际上统一规定，人耳开始能够感觉到的声强为 $10\text{-}12\mathrm{W/m^2}$。该数值称为听阈声强。随着声强的加大，人耳对声音的感觉越强烈，当人耳开始感觉到疼痛难忍时，其强度已经达到 $1\mathrm{W/m^2}$，该数值称为通阈声强。

（2）声压（p）

媒质的质点受到声波作用时，不断产生压力强弱的变化，声压表示的是声波传播时媒质中的压力超过静压的值，通常用 p 表示，单位为 $\mathrm{N/m^2}$。

声压是随时间变化的，当声压传到人耳时，由于耳膜的惯性作用，人耳一般感觉不到声压的变化。声压一般指有效声压，它是一定时间间隔内，瞬时声压的方均根数值，即：

$$p = \sqrt{\frac{1}{T}\int_0^t p^2(t)\,dt} \tag{8-3}$$

式中：$p(t)$——瞬时声压，$\mathrm{N/m^2}$；

$\qquad T$——时间间隔，s。

声强 I 和声压 p 都可以用来表示声音的强弱，但是因为测量声强相对比较复杂，而且声音的强弱是按作用在人耳鼓膜上的压力大小来衡量的。因此，采用声压 p 表示声音的强弱更为方便和直观，测量仪器也相对简单。

对平面波或者球面波，在传播方向上的声强可以表示为

$$I = \frac{p^2}{\rho c} \qquad (\mathrm{W/m^2}) \tag{8-4}$$

式中：p——有效声压，Pa；

$\quad \rho$——媒质密度，$\mathrm{kg/m^3}$；

$\quad c$——声速，$\mathrm{m/s}$；

$\quad \rho c$——媒质密度和声速的乘积。

在声学中 Pc 称为声特性阻抗，其物理意义是平面自由行波在媒质中某一点的有效声压与通过改点的有效质点速度的比值。在阻抗类比中声特性阻抗可用电学中无限长的传输线的特性阻抗相对应，对于空气在 $0\mathrm{℃}$ 和一个大气压状况下 $\rho c = 428.5\mathrm{N \cdot S/m}$；因此，与听阈声强值相对应的听阈声压为 $2 \times 10^{-5}\mathrm{N/m^2}$；与通阈声强值相对应的通阈声压为 $20\mathrm{N/m^2}$。

（3）声功率（ω）

声源在单位时间内辐射的声能量称为该声源的声功率 ω（W），它和声强 I 关系如下：

$$\omega = \int_S^R I \cdot ds \tag{8-5}$$

式中：ω——声源的声功率，W；

$\quad S$——包围声源曲面的总面积；$\mathrm{m^2}$；

$\quad I$——在指定出的声强，$\mathrm{W/m^2}$。

对于平面波

$$\omega = IS \tag{8-6}$$

对于球面波

$$\omega = 4\pi r^2 I \tag{8-7}$$

当声源放在具有反射的地面上,声源只能向半球面空间辐射,此时:

$$\omega = 2\pi r^2 I \qquad (8-8)$$

声功率是表示声源特性的重要物理量,它与声波传播的距离和环境无关,而是在一定条件下的一个不变量,因此用声功率表示声源的基本特性,适用于任何环境。

(4)声级(L)

人的听觉器官——耳朵,具有独特的生理机能。人耳由听阈到通阈声压的绝对值相差近100万倍,因此用声压或声强的绝对值来表示声音的强弱很不方便(表8-2),实际上,人耳对声音的感觉(听觉)和客观物理量(声强、声压)之间并不是线形关系,而是近似于对数关系,一般用声级来表示声音大小,它是一种无量纲量,与声强、声压和声功率等物理量相对应,有声强级、声压级和声功率级。

声音的强弱   表8-2

名　称	听　阈	通　阈	可听范围之比
声强 I	$10^{-12}\,\text{W/m}^2$	$1\,\text{W/m}^2$	$1:10^{12}$
声压 p	$2\times10^{-5}\,\text{N/m}^2$	$20\,\text{N/m}^2$	$1:10^6$
声功率 ω	$10^{-12}\,\text{W}$	$1\,\text{W}$	$1:10^{12}$
声强级 L_I	0dB	120dB	$1:121$
声压级 L_p	0dB	120dB	$1:121$
声功率级 L_ω	0dB	120dB	$1:121$

①声强级(L_I)

声强级 L_I 定义为

$$L_I = \lg \frac{I}{I_0} \qquad (\text{dB}) \qquad (8-9)$$

式中:I——被测声音的声强,W/m^2;

I_0——听阈声强(基准声强),$I_0 = 10^{-12}\,\text{W/m}^2$。

根据上述定义,听阈声强级为0dB,通阈声强级为120dB。

②声压级(L_p)

由于声强和声压是平方的关系($I \propto p^2$),所以可以从声强级的概念引出声压级 L_p

$$L_p = 20 \cdot \lg \frac{p}{p_0} \qquad (\text{dB}) \qquad (8-10)$$

式中:p——被测声音的声压,N/m^2;

p_0——听阈声压(基准声压),在1000Hz下的听阈声压 $2\times10^{-5}\,\text{N/m}^2$。

同样,根据声压级的定义,听阈声压级为0dB,通阈声压级为120dB。普通对话声压级一般为60dB左右,街道上正常行驶的汽车、摩托车行驶噪声一般为 $70\sim80\text{dB}$ 左右。

测量声音大小所使用的声级计的读数通常就是声压级。

采用声级表示声音的强弱比直接用声强或者声压表示,既能避免大数量级的数字表达,又和人耳的实际感觉接近。

③声功率级(L_ω)

声功率级 L_ω 定义为:

$$L_\omega = 10 \cdot \lg \frac{\omega}{\omega_0} \qquad (\text{dB}) \qquad\qquad (8\text{-}11)$$

式中：ω——被测声音的声功率，W/m^2；

ω_0——基准声功率，$\omega_0 = 10^{-12}\text{W}$。

根据上述定义，听阈声强级为 0dB，通阈声强级为 120dB。

声强级、声压级和声功率级，在特定的声学环境中，具有一定的数量关系。在自由声场中，不考虑空气密度和空气中声速变化的影响，可近似认为声压级与声强级相等。

（5）声压级的合成与分解

在噪声测量现场，往往存在多个噪声源，例如，当同时存在两个声源 A 和 B 时，合成声压级需要按照能量叠加的方式进行。

按照声压级的定义：

$$L_{pA} = 20 \cdot \lg \frac{p_A}{p_0} \qquad (\text{dB}) \qquad\qquad (8\text{-}12)$$

$$L_{pB} = 20 \cdot \lg \frac{p_B}{p_0} \qquad (\text{dB}) \qquad\qquad (8\text{-}13)$$

合成声压级则为

$$L_p = 20 \cdot \lg \frac{p}{p_0} = 20 \cdot \lg \frac{\sqrt{p_A^2 + p_B^2}}{p_0} = 10 \cdot \lg \frac{p_A^2 + p_B^2}{p_0^2} \qquad (8\text{-}14)$$

如果 A、B 两个声源的声压级相同，那么

$$L_p = 10 \cdot \lg \frac{p_A^2 + p_B^2}{p_0^2} = 10 \cdot \lg \frac{2p_A^2}{p_0^2} = L_p + 10 \cdot lg2 = L_p + 3 \qquad (\text{dB}) \qquad (8\text{-}15)$$

如果噪声源 $A > B$，合成声级相对于 A 声源声压级的分贝增加量，可以按下列公式进行计算：

$$L_p - L_{pA} = 10 \cdot \lg \frac{p_A^2 + p_B^2}{p_0^2} - 10 \cdot \lg \frac{p_A^2}{p_0^2} = 10\lg\left(1 + \frac{p_B^2}{p_A^2}\right) \qquad (8\text{-}16)$$

$$L_{pB} - L_{pA} = 10 \cdot \lg \frac{p_B^2}{p_0^2} - 10 \cdot \lg \frac{p_A^2}{p_0^2} = 10\lg \frac{p_B^2}{p_A^2} \qquad (8\text{-}17)$$

$$\frac{p_B^2}{p_A^2} = 10^{-(L_{pA} - L_{pB})/10} \qquad\qquad (8\text{-}18)$$

$$L_p = L_{pA} + 10 \cdot \lg\left[1 + 10^{-(L_{pA} - L_{pB})/10}\right] \qquad (\text{dB}) \qquad (8\text{-}19)$$

根据上述公式，不同分贝数的两个噪声合成时，合成后的分贝数应该是较大的在分贝数上增加一个增量，该增量是两声源分贝数差的函数。一般工程计算时，可按表 8-3 查表进行计算。

合成噪声的增量表 表 8-3

声源分贝差(dB)	0	1	2	3	4	5	6	7	8	9	10
合成噪声增量(dB)	3.0	2.5	2.1	1.8	1.5	1.2	1.0	0.8	0.6	0.5	0.4

如果有多于两个不同分贝数的噪声源同时存在，应首先找出其中两个最大声压级按上

述方法进行合成,将叠加后的分贝数再与第三大的声压级进行合成计算,依次类推。当两个噪声分贝值相差10dB时,可以忽略较小的分贝值。

噪声分析时,除噪声合成计算以外,噪声的分解也是经常遇到的工程问题,例如,除需要测量的噪声源之外,还有不可避免存在的本底噪声源,而本底噪声源的分贝数能够单独进行测量获得。如果测量的是本底噪声与待测噪声源的合成分贝数。就需要在合成分贝数中减去本底噪声,才能获得实际噪声源的分贝数。与上面噪声合成的方法类似,噪声分解也必须按照能量相减的原则进行,待测声源的分贝数应该等于总噪声分贝数,再减去一个修正值,修正值是总噪声分贝数与本底噪声分贝数之差的函数,如表8-4。

噪声分解修正值　　　　　　　　　　　　　　表8-4

总噪声与本底噪声之差(dB)	1	2	3	4	5	6	7	8	9	10
修正值(dB)	6.9	4.4	3.0	2.3	1.7	1.2	0.9	0.6	0.5	0.4

2. 频谱分析

在人耳可听频率范围内,声音频率的高低,可引起人耳的不同感觉。高频音声音尖锐,声调高;低频音声音低沉,音调低。从声音的本性来说,声音的强度和频率是客观存在的物理量。为了解某噪声源的特性,需要进行声强度和频率分析,而声源发出的各种声音绝大部分是复音,即由许多不同强度、不同频率的纯音复合而成(纯音是单一频率的声音,如音叉所发出的声音为纯音)。动听的音乐和烦躁的噪声都是由不同强度和频率组成的复音。但是为什么乐音听起来会使人愉悦,而噪声听起来使人会焦躁不安呢? 这是因为,乐音是由有规律、有节奏的振动产生的,乐音中频率最低的那个纯音奠定了这个复音的音调,其他音均为泛音。泛音频率是基音频率的整数倍,因此听起来是和谐的,泛音的数目多少决定了声音的音色,泛音数目越多,声音听起来越好听。人类所以能够对不同的乐器发出的声音加以区别(即使它们的音调相同、强度相同),就是由于泛音数目不同所致。而噪声则是由许多不协调的基音和泛音组合而成的声音,它的频率、声音强弱和波形都是杂乱无章的,没有乐音的性质,因此使人烦躁,还会影响人体健康。

为了解某噪声源所发出的噪声频谱特性,需要详细分析它各个频率成分和相应的噪声强度,这对进一步采取降低噪声的有效措施是极为重要的。通常,根据测量结果,以频率为横坐标,以声压级(或声功率级、声强级)的分贝值为纵坐标作出的噪声测量曲线称为噪声的频谱曲线(图)或称噪声的频率(谱)分析。它在频域上描述了声音强弱的变化规律。人耳可听声频率范围从 20~20000Hz,有 1000 倍的变化范围。为了方便,通常把一个宽广的声频范围划分为几个小的频段,也就是通常所说的频带或频程。在噪声测量中,最常见的是倍频程和1/3 倍频程。

倍频程是两个频率之比为 2:1 的频程。如果某倍频程的中心频率为 f 中,上、下限频率纷别为 f 上、f 下的话,$f_{中} = \sqrt{f_{上} \cdot f_{下}}$,$f_{上} = 2f_{下}$。通用的倍频程中心频率为 31.5Hz、63Hz、125Hz、250Hz、500Hz、1000Hz、2000Hz、4000Hz、8000Hz、16000Hz。这 10 个倍频程可以把可闻声音全都包括进去,大大简化了测量。实际上,在噪声控制中,最常用到的是 63Hz、125Hz、250Hz、500Hz、1000Hz、2000Hz、4000Hz、8000Hz 这 8 个频程。倍频程的下限和上限频率见表8-5。

倍频程的中心频率范围(Hz) 表 8-5

中心频率	频率范围	中心频率	频率范围
31.5	22.5 ~ 45	1000	710 ~ 1400
63	45 ~ 90	2000	1400 ~ 2800
125	90 ~ 180	4000	2800 ~ 5600
250	180 ~ 355	8000	5600 ~ 11200
500	355 ~ 710	16000	11200 ~ 22400

为更详细的研究噪声的频谱成分,在噪声分析时还可采用1/3倍频程,即把一个倍频按等比级数($1:2^{1/3}:2^{2/3}:2$)为三份,使频谱更窄。1/3倍频程的中心频率及范围见表8-6。

1/3 倍频程(Hz) 表 8-6

中心频率	频率范围	中心频率	频率范围
50	44.7 ~ 56.2	1000	891 ~ 1122
63	56.2 ~ 70.8	1250	1122 ~ 1413
80	70.8 ~ 89.1	1600	1413 ~ 1778
100	89.1 ~ 112	2000	1778 ~ 2239
125	112 ~ 141	2500	239 ~ 2818
160	141 ~ 178	3150	1818 ~ 3548
200	178 ~ 224	4000	3548 ~ 4467
250	224 ~ 282	5000	4467 ~ 5623
315	282 ~ 355	6300	5623 ~ 7079
400	355 ~ 447	8000	7079 ~ 8913
500	447 ~ 562	10000	8913 ~ 11220
630	562 ~ 708	12500	11220 ~ 14120
800	708 ~ 891	16000	14120 ~ 17780

在噪声现场进行频谱分时,需要在每一频程分别进行测量,不仅耗费时间,而且对某些瞬态噪声是无法测量的情况下,可以采用实时分析仪进行瞬时频谱分析,可在几分之一秒内把倍频程(或1/3倍频程)的频谱曲线显示出来。对于瞬态噪声,可以先录制下来,然后在实验室内用数字频率分析仪进行频谱分析。

3. 噪声的主观度量

在噪声研究中,一般用声压、声压级或频带声压级作为噪声测量的物理参数。人耳接受客观声压和频率后,主观上产生的"响度感觉",与这些客观物理量之间并不完全一致。这是人耳作为声音的接受和判别器官,它具有许多特殊的生理机能所致。研究噪声,特别是降噪问题,必须研究声音客观量,必须研究声音客观量和人耳主观感觉量之间统一的问题。人耳对声音的响应不是单纯的物理问题,而包含了生理、心理等因素。因为它涉及主观感觉,实际上是人耳和大脑组成的听觉系统的响应问题,是人体生理医学研究范畴的事情。这里只简单介绍与声压级和频率有联系的、人们通常所讲的声音的响度问题。

（1）等响曲线、响度级、响度

人耳的可听频率范围是 20 ~ 20000Hz，且人耳对高频声反应敏感，对低频声反应迟钝。例如，一台空气压气机的高频噪声和一台小轿车的车内噪声（低频）相比，若测量其声压级可能均为 90dB 左右，但就人耳的主观感受而言，自然是压气机的高频噪声要更强烈与难受多。这种主、客观量度的差异是由声波频率的不同而引起的。因此在噪声测量时，存在着一个客观存在的声音物理量与人耳感觉的主观量的统一问题。表 8-2 中听阈和通阈的数值是在 1000Hz 纯音条件下纯音条件下客观、主观量度的统一。如果声频发生变化，其相应的听阈、通阈的数值也应随之而变化。为使在任何频率条件下，主、客观量都能统一起来，就需要把人的听力试验在各种频率条件下一一进行。这种试验得出的曲线就叫等响（度）曲线。

ISO 推荐的等响曲线如图 8-2 所示。图中的纵坐标是声压级（dB），横坐标是频率（Hz），二者都是声波客观的物理量。因为频率不同时，人耳的主观感觉不同，所以每个频率都有各自的听阈声压级和通阈声压级。如果把它们连接起来，就能得到听阈线和通阈线。两线之间按响度的不同可分为若干个响度级、通常分成 13 个响度级，单位是方（phon），听阈线为零方响度线，通阈线为 120 方响度线。两者之间通常标出 10 方、20 方…120 方响度线。

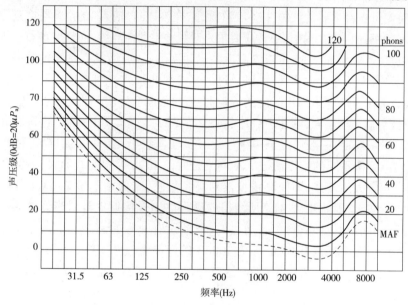

图 8-2 等响度曲线

在同一条曲线上的各点，虽然它们代表着不同频率和声压级，但其响度（主观感觉）是相同的，所以称为等响曲线。每条等响曲线所代表的响度级（方）的大小由该曲线在 1000Hz 的声压级的分贝值而定的声压级的声压级的分贝值而定，就是选取 1000Hz 的纯音作为基准声音，其声音听起来与该纯音一样响，该声音的响度级（分贝值）就等于这个纯音此时的声压级（分贝值）。例如，某声音听起来与声压级 80dB、频率 1000Hz 的基准声音一样响，则该声音的响度级就定为 80 方。由图 8-2 可以看出：

①根据声音的声压级和频率（客观物理量）能找到相应的响度级（主观感觉），这样就把声音的主观量和客观量之间统一起来了。

②声音的频率对响度级影响很大。在低频范围内，即使声压级具有很高的分贝值，也未

必能达到听阈线。由此可见，人耳对低频声敏感度很差。所以，在噪声治理中重点应优先解决高频声对人耳的损害；但对诸如收听音乐时也会感到低频音乐不丰富，为此可以通过乐器配置或者通过设计电子线路低频补偿网络来加强低频效果，这种补偿方法叫作频率计权。

③声音的声压级高达 100dB 左右时，响度曲线比较平直，说明频率变化响度级的影响就不明显，即高声压级下频率变化对人耳感觉的影响不明显。

响度级是一个相对量，有时需要把它转化为自然数，用绝对值来表示，因此引出一个响度的概念。响度是受声刺激的听觉反应量，用响度单位宋（Sone）来表达感觉上声音的大小。1 宋相当于对频率 1000Hz、声压级 40dB 的纯音（即响度级为 40 方）听觉反应量。50 方为 2 宋，60 方为 4 宋，70 方为 8 宋等，可建立响度的标度。实验证明，响度级每增加 10 方，响度增加一倍，响度和 1000Hz 的声强度的 0.3 方成正比。

用响度级表示声音的大小，可以直接推算出声响增加或降低的百分数，如某声源经声学处理后，响度级降低 10 方，则相当于响度降低 50%；响度级降低 20 方，相当于响度降低 75；响度级降低 30 方，相当于响度降低 87.5% 等。显然，用响度级表示声音的变化是很直观的。

（2）声级计的计权网络

声级计是测量声音强弱的仪器，按其工作原理，声级计的"输入"的声音是客观存在的物理量——声压和频率，而它的"输出"不仅应要求是对数关系的声压级，而且应该符合人耳特性的主观量——响度级，才最理想，声压级没有反映出频率的影响，即具有平直的频率响应。为使声级计的输出符合人耳的听觉特性，可以通过一套电学的滤波器网络造成对某些频率成分的衰减，使声压级的水平线修正为相对应的等响曲线。但是每条等响曲线的频率应（修正量）各不相同，若想使它们完全符合，则在声级计上至少需要 13 套听觉修正电路，这显然很困难。

根据国际组织规定，一般情况下声级计设有 3 套修正电路（即 A、B、C 三种计权网络），使它所接受的声音按不同的程度滤波。A 网络是效仿 40 方等响曲线而设计的，其特点是对低频和中频声有较大的衰减，即使测量仪器对高频敏感，对低频不敏感，这正与人耳对声音的感觉比觉比较接近，因此用 A 网络所测得的噪声值比较接近人耳对声音的感觉。B 网络是效仿 70 方等响曲线，使被测得声音通过时，低频段有一定的衰减。C 网络是效仿 100 方等响曲线——任何频率都没有衰减，因为 100dB 的声压级线和 100 方等响曲线基本上是一条重合的水平线，因此，它代表总声压级，这三种计权网络的衰减量如图 8-3 所示。

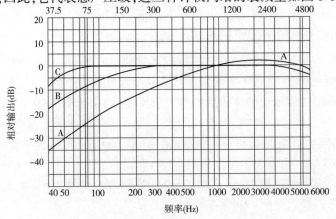

图 8-3　声级计计权网络的衰减曲线

声级计的读数均为分贝(dB)值,但在分别选用这三套计权网络之后,其读数所代表的意义就不相同了。显然选用 C 挡网络测量时,声压级基本上未经任何修正(衰减),其读数还是声压级的分贝值。而 A 挡和 B 挡网络,对声压级已有所修正,因此它们的读数不应是声压级,但也不是响度级,由于它们只是分别模仿了 40 方和 70 方这两条特定的等响曲线的频响应,而不是所有等响曲线的频率响应,所以把 A 和 B 网络的读数称为声级的分贝值。

用声级计测量噪声声级的分贝值,必须用括号标明选用了何种计权网络。例如表示为 85dB(A)、90dB(B)、95dB(C)等。

在声级计上同时设置了 A、B、C 三种计权网络时,可起到对噪声频率特性的粗略鉴别作用。由图 8-3 中各计权网络的衰减曲线可以说明:

①当 $LpdB(C) = LpdB(B) = LpdB(A)$ 时,表明噪声的高频成分突出;

②当 $LpdB(C) = LpdB(B) > LpdB(A)$ 时,表明噪声的中频成分较多;

③当 $LpdB(C) > LpdB(B) > LpdB(A)$ 时,表明噪声是低频特性。

近年来,为了便于对各种噪声的强弱进行统一比较,在测试过程中有全部采用 A 计权网络的趋向。有的声级计上甚至只设计有 A 计权网络。

4. 噪声的危害

噪声对人的影响是一个复杂的问题,不仅与噪声性质有关,而且还与每个人的生理状态以及社会生活等多方面的因素有关。经过长期的研究证明,噪声的确危害人的健康,噪声级越高,危害性就越大,即使噪声级较低,如小于 80dB(A) 的噪声。虽然不致直接危害人体健康,但会影响和干扰人们的正常活动。就噪声对人的生理危害和心理影响而言,大致有以下几个方面。

(1)听觉疲劳或听力损伤

噪声对人最直接的危害是对听觉器官的损伤。噪声对听力的影响与噪声的强度、频率及作用的时间有关,噪声强度越大、频率越高、作用时间越长,危害就越大。噪声对所谓暂时性听阈偏移,就是在强烈的噪声作用下,听觉皮质层器官的毛细胞受到暂时性的伤害,而引起听阈级的暂时性的偏移。离开噪声环境到比较安静的地方,经过一段时间后仍会恢复到原来的听阈状态,恢复时间的长短,因噪声的声级而不同。对于低声级噪声恢复时间可以是几分钟,对于高声级噪声则往往需要两三个星期。听阈偏移决定于噪声级、噪声特性、暴露时间以及各人对噪声的敏感性。听觉灵敏度最大改变率是在 3000～6000Hz 的范围,低于和高于这一范围的频率改变得稍少一些。大量试验数据表明,强噪声环境下工作人员听阈最明显的偏移是在 4000Hz 左右。长期暴露在强噪声环境下时,暂时性的听阈偏移可能转化为永久性的听阈偏移,再也不能恢复正常的听阈能力,造成永久听力损失。

(2)影响人体健康

强烈的噪声对人的生理刺激是诱发某些疾病、影响人体健康的一个原因,除了特别强烈的噪声能引起精神失常、休克乃至危及生命外,由噪声诱发的疾病主要表现为神经、心脏、消化系统会产生一系列不良反应。对于人的神经系统的影响,主要表现为头晕、头胀、头痛、失眠、神经过敏、惊慌、记忆力下降、注意力不集中等;对于人的心脏系统的影响,主要表现为心跳过速、高血压、冠心病等；对消化系统的影响主要表现为消化不良、闻声呕吐等方面。

（3）干扰谈话和通话

通常，人们正常谈话时的声压级一般为 60 ～ 70dB。如果环境噪声高于谈话声，谈话就会受到干扰，以致听不清对方的谈话内容。同样，打电话时的环境噪声在 60dB 时可以听清楚对方的所说内容，噪声超过 70dB 后就无法使用电话。在开会、讲课、听广播、看电视等与语言有关的活动中，45dB 以下的环境噪声对人影响很小，超过 65dB 就比较严重了。

（4）影响人们的正常工作和生活

在噪声影响下，人们不容易集中精力工作，尤其对脑力劳动者，常常由于噪声打断思路，反应迟钝，因而会大大降低了工作效率。对某些要求注意力高度集中的工种（如汽车驾驶员），不仅影响工作进度，而且降低工作质量，容易出现差错和引发事故。

噪声还会影响人们的睡眠质量和时间，当睡眠受到噪声干扰后，工作效率和健康都会受到影响，40dB 的连续噪声可使 10% 的人睡眠受到影响，70dB 的噪声影响 50% 的人，而 40dB 的突发噪声可使 10% 的人惊醒，60dB 的噪声可使 70% 的人惊醒。

根据我国 47 个城市噪声调查资料表明，白天平均声级为 59dB（A），夜间为 49dB（A），道路交通噪声绝大部分超过 70dB（A），平均达 74dB（A），城市人口约 2/3 暴露在较高的噪声环境下，城市居民有近 30% 在难以忍受的噪声环境下工作。

8.2　发动机的主要噪声源

发动机车的主发动机是汽车的主要噪声源。我国轿车车外加速噪声中，发动机噪声约占 55%；大、中型汽车车外加速噪声中，发动机噪声约占 65010 左右。随着汽车噪声标准的提高，发动机噪声问题日益突出，国内外都非常重视降低汽车发动机噪声。为了降低我国汽车噪声总水平，首先应以控制发动机噪声为主要目标。

（1）按照噪声辐射的方式，可将汽车发动机的噪声分为直接向大气辐射的和通过发动机表面向外辐射的两大类。

直接向大气辐射的噪声源有进、排气噪声和风扇噪声，它们都是由气流振动而产生的空气动力噪声。发动机内部的燃烧过程和结构振动所产生的噪声，是通过发动机外表面以及与发动机外表面刚性连接的零件的振动向大气辐射的，因此称为发动机表面辐射噪声。

（2）根据发动机噪声产生的机理，汽车发动机的噪声又可分为燃烧噪声和机械噪声。

燃烧噪声的发生机理相当复杂，主要是由于汽缸内周期性变化的压力作用而产生的，与发动机的燃烧方式和燃烧速度密切相关。

机械噪声是发动机工作时各运动件之间及运动件与固定件之间作用的周期性变化的力所引起的，它与激发力的大小和发动机结构动态特性等因素有关。

一般说来，在低转速时，燃烧噪声占主导地位；在高转速时，由于机械结构的冲击振动加剧而使机械噪声上升到主导地位。实际上很难将燃烧噪声与机械噪声区分开，因为它们之间有着密切的联系，燃烧噪声的大小对机械噪声有影响，严格地说，机械噪声也是发动机汽缸内燃料燃烧间接激发的噪声。但为了表达方便,把汽缸内燃烧所形成的压力振动并通过缸盖和活塞→连杆→曲轴→缸体的途径向外辐射的噪声称为燃烧噪声;把活塞对缸套的敲击,正时齿轮、配气机构、喷油系统等运动机械撞击所产生的振动激发的噪声称为机械噪声。对于发动机噪声的评价,除考虑其辐射噪声能量总水平外,还应考虑噪声级及其随发动机工作状态的变化,发动机周围空间各点噪声级的分布状态,空间各点的噪声频谱以及发动机工作过程各阶段的瞬时声压级。通过这些信息,不但可以比较和评价发动机辐射噪声的,还可以深入研究辐射声能在频域上的分布情况,判断发动机工作循环中辐射噪声最大的阶段,以便分析高噪声产生的原因,提出噪声控制措施并比较和评价这些措施的有效性和经济上的合理性。

8.2.1 机械噪声

发动机的机械噪声是发动机运转过程中各零部件受流体压力和运动惯性力的周期性变化作用而引起振动和相互冲击所激发的噪声。发动机高速运转时,机械噪声在发动机噪声中占主导地位,另外,机械噪声还受发动机制造工艺水平的制约。

发动机的机械噪声主要包括活塞敲击噪声、配气机构噪声、齿轮啮合噪声、供油系噪声、不平衡力引起的噪声等。

1. 活塞敲击噪声

活塞对汽缸壁的敲击,通常是发动机最大的机械噪声源。敲击的强度主要取决于汽缸的最大爆发压力和活塞与汽缸之间的间隙。因此,这种噪声既和燃烧有关,又和活塞的具体结构有关。大功率柴油机上,这种敲击力可高达数吨,能激发出很强的噪声。在冷起动后和怠速工况下,由于活塞和缸壁的间隙较大,这种敲击噪声相当突出。

由于活塞与汽缸之间存在间隙,在活塞的往复运动中,作用于活塞上的气体压力,惯性力力和摩擦力周期性变化方向,使活塞在侧向力作用下,在上、下止点附近发生方向突变,产生横向运动冲击汽缸壁产生噪声。这一噪声是发动机的最大机械噪声源,而且发动机高速运转时,活塞的这种换向的横向运动以极高速度进行,形成对缸壁的强力冲击,特别是换向发在膨胀行程开始时,这种冲击将更为严重。

影响活塞敲缸声的因素有活塞与汽缸的间隙,活塞销孔的偏移,活塞的高度,活塞环在活塞上的位置以及汽缸润滑条件,发动机转速,汽缸直径等。实验表明,活塞与汽缸的间隙增大1倍时,其噪声可增加3~4dB。

2. 配气机构噪声控制

在配气机构中,凸轮和挺杆间的摩擦振动、气门的不规则运动、摇臂撞击气门杆端部以及气门落座时的冲击等均会发出噪声。

发动机低速时,气门机构的惯性力不高,可将其看成多刚体系统,噪声主要源于刚体间的摩擦和碰撞,在气门开启和关闭时有较大的噪声。气门开启的噪声主要是由施加于气门 L 的撞击力造成的,而气门关闭时的噪声则是由于气门落座时的冲击产生的,气门的噪声级和气门运动的速度成正比,如图 8-4 所示。

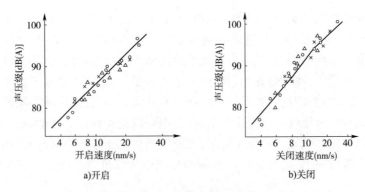

图 8-4　气门机构开闭噪声与气门运动的关系

在发动机高速运转时,气门机构的惯性力相当大,使得整个机构产生振动。气门机构实上是一个弹性系统,工作时各零件的弹性变形会使位于传动链末端气门产生"飞脱"和"反弹"等不规则运动现象,增加气门撞击的次数和强度,从而产生强烈的噪声。发动机转速越高,这种不规则运动越强烈,噪声越大,严重时还会使发动机的正常工作遭到破坏。

3. 供油系统噪声及其控制

喷油系统的噪声主要是由于喷油泵和高压油管系统的振动所引起的,主要是几千赫兹以上的高频声,可分为流体性噪声和机械性噪声。

流体性噪声主要包括以下方面:

(1)液压泵压力脉动激发的噪声。这种压力脉动将激发泵体产生振动和噪声,同时将使燃油产生很大的加速度,从而冲击管壁而激发噪声。

(2)空穴现象激发的噪声。这是当油路中、高压力急速脉动的情况下,油中含有空气不断地形成气泡又破灭,从而产生所谓的空穴噪声。

(3)喷油系统管道的共振噪声。当油管中供油压力脉动的频率接近或等于管道系统的固有频率时,引起共振,激发噪声。

机械性噪声之一是喷油泵凸轮和滚轮体之间的周期性冲击和摩擦,特别是当复位弹簧固有频率和这种周期性的冲击接近时,会产生共振,使噪声加剧。

机械噪声是指喷油泵产生的噪声,主要是由周期性变化的柱塞上部的燃油压、高压油管内的燃油压力以及发动机往复运动惯性力激发泵体自身,激发泵体自身振动而引起的,其大小与发动机转速、泵内燃油压力、供油量及泵的结构有关。试验表明,凸轮轴转速增加 1 倍时,喷油泵噪声约增加 8 ~ 15dB;燃油压力由 0 增至 150MPa 时,噪声增加 9dB;供油量由 0 增至 100% 时,噪声增加 8 ~ 15dB;说明供油量对喷油泵噪声影响较小。为了减小喷油泵噪声,可提高喷油泵的刚性,采用单体泵及选用损耗系数较大的材料作泵体,以减少因泵体振动而产生的噪声。

8.2.2　燃烧噪声

汽油机正常工作时,燃烧柔和,噪声较小,但当发生爆燃和表面点火等不正常燃烧时,将产生较大的噪声。其主要是 4000 ~ 6000Hz 的高频爆震声和 500 ~ 2000Hz 的工作粗爆声。

其声压级与转速之间的关系为

$$L_p = 50 \cdot \lg n + K_g \tag{8-20}$$

式中：n——汽油机转速；

K_g——汽油机固有常数。

柴油机燃烧噪声在发动机噪声中占据相当大的比重，其主要为频率为 1000Hz 以上的高频噪声，一般比汽油机高出 6~8dB。因此这里主要讨论柴油机的燃烧噪声。柴油机燃烧过程直接影响这种噪声的产生及强弱，因此我们从柴油机燃烧过程的四个阶段来分别介绍燃烧过程直接影响这种噪声的产生及特点。

（1）在滞燃期内，燃料并未燃烧，汽缸中的压力和温度变化都很小，对噪声的直接影响甚微，但滞燃期对燃烧过程的进展有很大影响，因此，对发动机燃烧噪声起着间接的影响作用。

（2）在速燃期内，燃料迅速燃烧，汽缸内压力迅速增加，直接影响发动机的振动和噪声。影响速燃期内压力增长率的主要因素是着火延迟期的长短和供油规律。着火延迟期越长，在此期间喷入的燃料就越多，喷入汽缸的燃料越多，压力增长率就越高，意味着柴油机的冲击载荷越高，柴油机内零件敲击严重，从而增加了柴油机的结构振动和所辐射的噪声。

（3）在缓燃期，汽缸内压力有所增长，但增长率较小，因此能激发起一定程度的燃烧噪声，但对噪声的影响不显著。

（4）在补燃期，因活塞下行且绝大多数燃料已在前两个时期内燃烧完毕，所以对燃烧噪声影响不大。

综上所述，燃烧过程所激发的噪声主要集中在速燃期，其次是缓燃期。燃烧噪声主要表现在两个方面：一方面是由汽缸压力急剧变化引起的动力负荷产生振动和噪声，其频率相当于各传声零件的自振频率；另一方面是由汽缸内气体的冲击波引起的高频振动和噪声，其频率为汽缸内气体的自振频率。

柴油机燃烧噪声的声压级与转速之间的关系为

$$L_p = 30 \cdot \lg n + K_d \tag{8-21}$$

式中：K_d——柴油机固有常数。

燃烧噪声与发动机燃烧过程有直接的关系，而燃烧过程又与燃料的性质、压缩比、供油系统的各参数（如供油提前角、供油规律、喷油器孔径、孔数及喷油油压）、发动机的结构类型（如风冷、水冷）、燃烧室形状（如 ω 形、盆形、球形、涡流室及预燃室）、发动机进气状态（如进气温度、压力）及发动机运转工况和技术状况等各种因素均有密切，因此，控制燃烧噪声应声应从改善燃烧过程出发。

汽油机燃烧噪声主要是通过根据压缩比选择合适牌号的燃油，适当推迟点火提前，及时清除燃烧室积炭来抑制爆燃和表面点火现象的产生，即可抑制噪声。

8.3　机械噪声和燃烧噪声控制

8.3.1　燃烧噪声控制技术

控制柴油机燃烧噪声的根本措施是降低燃烧时的压力增长率。由于压力增长率取决于着火延迟期和着火延迟期内形成的可燃混合气的数量和质量,因此可以通过选用十六烷值,合理组织喷射和选用低噪声燃烧室实现。具体措施如下。

(1)适当延迟喷油定时

由于汽缸内压缩温度和压力是随曲轴转角变化的,喷油时间的早晚对于着火延迟期长短的影响是通过压缩压力和温度而起作用的。如果喷油早,则燃料进入汽缸时的空气温度和压力低,着火延迟期变长;反之,适当推迟喷油时间可使着火延迟期缩短,燃烧噪声减小。但喷油过迟,燃料进入汽缸时的空气温度和压力反而变低,从而又使着火延迟期延长,燃烧噪声增大。仅从降低噪声的角度来讲,希望适当推迟喷油时间,即减小喷油提前角,但喷油正时延迟将影响柴油机的动力性和经济性。

(2)改进燃烧室结构形状

燃烧室的结构形状与混合气的形成和燃烧有密切关系,不但直接影响柴油机的性能,而且影响着火延迟期、压力升高率,从而影响燃烧噪声。根据混合气的形成及燃烧室结构的特点,柴油机的燃烧室可分为直喷式和预燃式两大类。

在其他条件相同的情况下,直喷式燃烧室中的球形和斜置圆桶形燃烧室的燃烧噪声最低,预燃式燃烧室的燃烧噪声一般也较低;但 ω 形直喷式燃烧室和浅盆形直喷式燃烧室的燃烧噪声最大。通过试验表明,如果用球形燃烧室代替 ω 形燃烧室,可使柴油机的总噪声降低 $3 \sim 6dB$。

(3)提高废气再循环率和进气节流

提高废气再循环率可以减小燃烧率,使发动机获得平稳的运转,对降低燃烧噪声有明显的作用。而进气节流可使汽缸内的压力降低和着火时间推迟,因此,进气节流不但能降低噪声,而且对减少柴油机所特有的角速度波动和速度波动和横向摆振也有明显的作用。

(4)采用增压技术

增压后进入汽缸的空气密度增加,从而使压缩终了时汽缸内的温度和压力增高,改善了混合气的着火条件,使着火延迟期缩短。增压压力越高,着火延迟期越短,使压力升高率越小,从而可降低燃烧噪声。通过大量试验证明,增压可使直喷式柴油机燃烧噪声降低 $2 \sim 3dB$。

(5)提高压缩比

提高压缩比可以提高压缩终了温度和压力,使燃料着火的物理、化学准备阶段得以改善,从而缩短着火延迟期,降低压力升高率,使燃烧噪声降低。但压缩比增大使汽缸内压力增加,导致活塞敲击声增大,因此,提高压缩比不会使发动机的总噪声有很大降低。

(6)改善燃油品质

燃油品质不同,喷入燃烧室后所进行着火前的物理、化学准备过程就不同,从而导致着火延迟时间不同。十六烷值高的燃料着火延迟期较短,压力升高率低,燃烧过程柔和。因此,为了降低燃烧噪声,应选用十六烷值较高的燃油。降低燃烧噪声,除采取上述措施改进燃烧过程外,还应在燃烧激发力的辐射和传播途径上采取措施,增强发动机结构对燃烧噪声的衰减,尤其是对中、高频成分的衰减。主要措施有:提高机体及缸套的刚性,采用隔振隔声措施,减少活塞、曲柄连杆机构各部分的间隙,增加油膜厚度,在保持功率不变的条件下采用较小的汽缸直径,增加缸数或采用较大的 S/D 值,改变薄壁零件(如油底壳等)的材料和附加阻尼等。

8.3.2　机械噪声控制技术

1. 控制活塞敲缸噪声的措施

（1）在满足使用和装配的前提下，尽量减小活塞与汽缸之间的间隙，减小间隙可以减小、甚至消除活塞横向运动的位移量，从而减轻或避免活塞对缸壁的冲击，达到降噪目的。若能保证发动机冷态和热态下，此间隙值变化不大，降噪效果更佳。为了实现这一目，现代汽车发动机在活塞结构设计上采取了一些措施，如针对活塞上部的膨胀量大于其下部膨胀量的情况，将活塞制成直径上小下大的锥形，使其在汽缸中工作时上下各处的间隙近于均匀；采用椭圆形裙部；在汽油机的铝合金活塞最下面一道环槽上切一横槽，以减少从头部到裙部的传热量；在裙部车纵向槽，使裙部具有弹性，从而减小导向部分间隙等等。此外，为了适应高压缩比、高转速发动机的强度和刚度要求，可采用镶钢片活塞，即在铝合金活塞中镶入热膨胀系数比铝合金小的材料，以阻碍活塞裙部推力面上的膨胀，从而减小活塞裙部的装配间隙，大到降噪的目的。这种镶钢片活塞在汽油机和柴油机上都有采用。

（2）活塞销孔向主推力面方向偏移，使活塞的换向提前到压缩终了前，同时可以使活塞的横向运动方式由原来的整体横移冲击变为平滑过渡，可起到显著的降噪作用。现代汽车普遍采用这种降噪措施，但应注意偏移量大小的控制。过大的偏移量，会增大活塞承受尖角负荷的时间，引起汽缸早期磨损，损失有效功率。

（3）在可能的情况下适当加大活塞裙部长度，增大支承面。

（4）增加活塞表面的振动阻尼，采用底油环或在裙部表面覆盖一层可塑性材料，增加振动阻尼，缓冲或吸收活塞敲击的能量，也可明显降低活塞敲缸声。例如，在活塞裙部表面涂一层聚四氟乙烯，然后再外加一层厚度为0.2mm铬氧化物。

2. 配气噪声控制措施

影响配气机构噪声的主要因素有凸轮型线，气门间隙和配气机构的刚度等，因此，控制噪声应从以下几方面着手：

（1）减小气门间隙。发动机低速运转时，气门传动链的弹性变形小，配气机构噪声主要源于气门开、闭时的撞击。减小气门间隙可减小因间隙存在而产生的撞击，从而减小噪声。采用液力挺杆，可以从根本上消除气门间隙，从而消除传动中的撞击，并可有效地控制气门落座速度，因而可使配气机构的噪声显著降低。

（2）提高凸轮加工精度和减小表面粗糙度和减小表面粗糙度

（3）减轻驱动元件质量。在相同发动机运转速度下，减轻配气机构驱动元件质量即减小了惯性力，从而降低配气机构所激发的振动和噪声。短推杆长度是减轻机构重量并提高刚度的一项有效措施。在高速发动机上，应尽量把凸轮轴移近进气门，甚至取消推杆，构成所谓顶置式凸轮轴，这对减小噪声，改善发动机动力特性是有利的。

（4）选用性能优良的凸轮型线。设计凸轮型线时，除保证气门最大升程、气门运动规律和最佳配气正时外，采用几次谐波凸轮，降低挺杆在凸轮型线缓冲段范围内的运动速度，从而减小气门在始升或落座时的速度,降低因撞击而产生的噪声。

8.3.3　空气动力性噪声

汽车发动机空气动力噪声主要包括进气噪声、排气噪声和风扇噪声。它主要是由于气流扰动及气流与其他物体相互作用而产生的,是发动机的主要噪声源,也是易于采取降噪措施的对象。

1. 进气噪声及其控制

进气门周期性开闭引起进气管道内压力起伏变化,从而形成的空气动力噪声,是仅次于排气噪声的发动机主要噪声源。

当进气阀开启时,活塞由上止点下行吸气,其速度由 0 突变到最大值 25 m/s 左右,气体分子必然会以同样的速度运动,这样在进气管内就会产生一个压力脉冲,从而形成强烈的脉冲噪声。另外,在进气过程中气流高速流过进气门流通截面,会形成强烈的涡流噪声,其主要频率成分在 1000 ~ 2000Hz 范围内。

当进气门突然关闭时,这种波动由气门处以压缩波和稀疏波的形式沿管道向远方传播,并在管道开口端和关闭的气门之间产生多次反射,在此期间进气管内的气流柱由于振动会产生一定的波动噪声。

进气噪声的大小与进气方式、进气门结构、缸径及凸轮线形设计等有关。同一台发动机进气噪声受发动机转速影响较大,与转速的关系为

$$L_p = 45 \cdot \lg n + K \tag{8-22}$$

式中:K——与进气系统有关的常数。

如图 8-5 所示,发动机转速增加 1 倍时,进气噪声可增加 13 ~ 14dB,其原因在于转速增高使进气管内的气流速度增加,加剧了气体涡流、脉冲和波动。控制进噪声主要有两方面:一方面设计合适的空气滤清器,在允许的情况下,尽量加大空气滤清器的长度或断面,以增大容积。另一方面在进气系统设置进气消声器。为了既满足进气和滤清的要求,又满足降低噪声的要求,通常将进气消声器和空气滤清器设计结合起来考虑,对于噪声指标要求较严的客车,往往需要另加进气消声器。非增压柴油机的进气消声器既可采用抗性扩室或共振式消声器,也可采用阻抗复合式消声器。对于涡轮增压柴油机的进气噪声,因其含有明显的高频特性,所以应选阻性消声器或阻抗复合式消声器。

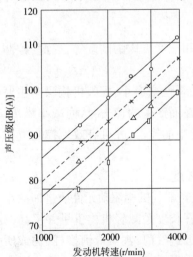

图 8-5　进气噪声与发动机转速之间的关系

2. 排气噪声及其控制

排气噪声是发动机最主要的噪声源,往往比发动机本体噪声高出 10 ~ 15dB。当发动机的排气门突然开启后,废气会以很高的速度冲出,经排气管冲入大气,整个排气过程表现为一个十分复杂的不稳定过程。在此过程中,必然产生强烈的排气噪声,其中以废气通过排气门时产生的

涡流噪声最强烈。排气噪声的基频是发动机的发火频率,在整个排气噪声频谱中呈现出基频及其高次谐波的延伸。

发动机排气噪声的频率可按下式进行计算:

$$f_i = \frac{ni}{60\tau}k \qquad (8\text{-}23)$$

式中:k——谐波次数;

i——汽缸数;

n——发动机曲曲转速,r/min;

τ——冲程系数,二冲程发动机取$f=1$,四冲程发动机取$f=2$。

因此,排气噪声归结为:

(1)周期性排气噪声,气门开启时,气流急速流出,压力剧变,而产生的压力波;

(2)涡流噪声,高速气流流经排气门和排气管时产生涡流;

(3)空气柱共鸣噪声,排气系统中空气柱在周期性排气噪声激发下产生共鸣。此外还包括废气喷柱和冲击噪声。

在同等条件下,柴油机的排气噪声比汽油大,二冲程发动机比四冲程发动机排气噪声大。

发动机排气噪声呈明显的低频特性,噪声级的大小与发动机功率、排量、转速、平均有效压力以及排气口形状、尺寸等因素有直接关系。大量试验表明,排气噪声随排量、转速,功率、平均有效压力的增加而提高。

对同一发动机来说,影响排气噪声最重要的因素是发动机转速及负荷。发动机转速增加1倍,空负荷排气噪声增加10-14 dB,而全负荷噪声仅增加5 -9dB。综合大量的试验数据可得出排气噪声级 L_p 与发动机转速、平均有效压力和排量的关系如下。

四冲程柴油机:

$$L_p = 28 \cdot \lg n + 20 \cdot \lg p_{me} + 15 \cdot \lg V_H + K_1 \qquad (8\text{-}24)$$

四冲程汽油机:

$$L_p = 25 \cdot \lg n + 20 \cdot \lg p_{me} + 13 \cdot \lg V_H + K_2 \qquad (8\text{-}25)$$

式中:n——发动机转速(r/min);

p_{me}——平均有效压力,l00kPa;

V_H——发动机排量(L);

K_1、K_2——与发动机结构有关的常数。

8.4 空气动力性噪声控制

8.4.1 进排气噪声控制

进排气噪声控制主要从两方面采取措施:一方面可以对噪声源采取措施,需要从排气噪声的发生机理分析入手,采取相应对策。在不降低发动机性能,不对排气系统作大改动情况下,改进排气歧管的布置,使吹过管口的气流方向与管的轴线方向夹角保持在最不易发生共振的角度范围内;合理设计各歧管的长度,使管的声共振频率错开;使各排气歧管管口及各管之间连接处都有较大的过渡圆角,减小断面突变,避免管口的尖锐边缘,以减弱声共振作用;降低排气门杆、气门、歧管和排气管内壁面的表面粗糙度,以减小紊流附面层中的涡流强度;在保证排气门刚度和强度的条件下,尽可能减小排气门杆直径等。另一方面的措施是采用排气消声器和减小由排气歧管传来的结构振动。排气消声器是普遍采用的最有效的降噪措施。为了控制排气歧管传递的结构振动,可改进排气歧管结构以获得适宜的振动传递特性,或对排气歧管采取隔振措施,均能起到控制振动、降动、降低噪声的目的。

汽车消声器主要用于降低机动车的发动机工作时产生的噪声,其工作原理是汽车排气管由两个长度不同的管道构成,这两个管道先分开再交汇,由于这两个管道的长度差值等于汽车所发出的声波的波长的一半,使得两列声波在叠加时发生干涉相互抵消而减弱声强,使传过来的声音减小,从而达到消声的效果。消声器按消声机理的不同,可分为阻性消声器、抗性消声器和阻抗复合式消声器三大类。

(1)阻性消声器。它主要利用吸声材料增大声阻来消声。把吸声材料固定在气流通道的内壁上或按照一定方式在管道中排列,就构成了阻性消声器。当声波进入阻性消声器时,一部分声能在多孔材料的空隙中摩擦而转化成热能耗散掉,使通过消声器的声波减弱。阻性消声器具有良好的中、高频消声效果。

(2)抗性消声器。它是由突变界面的管和室组合而成的,类似于一个声学滤波器,每个带管的小室都有自己的固有频率。当包含有各种频率成分的声波进入第一个短管时,只有在第一个网孔固有频率附近的某些频率的声波才能通过网孔到达第二个短管口,而另外一些频率的声波波则不可能通过网孔。只能在小室中来回反射,从而达到消声的目的。这类消声器对中、低频消声效果良好,因而在汽车中应用较普遍。

(3)阻抗复合式消声器。它是把阻性结构和抗性结构按照一定的方式组合起来一种消声器,它综合了上述两种消声器的特点,兼有阻性和抗性的作用,消声频带宽,主要用于声级很高的低、中频宽带消声。

实用的汽车排气消声器一般为多个扩张腔用穿孔管和穿孔板连接而成的多级消声器,级数越多消声量越大,且高频消声效果就越好。但消声量并不随级数增加而按比例增加。五级以上时,再增加级数消声量增加就微小了,所以一般消声器的级数都在2~5级内选取。例如,大型汽车消声器多选2~4级,内部结构采用扩张和穿孔结构相结合;中型货车消声器基本上是3~4级,内部结构比较复杂,有穿孔管结构、旁支共振腔结构和扩张腔结构等;轻型汽车消声器则基本上采用4~5级,其内部结构更加复杂。

几种扩张式汽车排气消声器结构示意图如图8-6所示。其消声原理主要表现在两个方面:一方面是利用管道的截面突变引起声阻抗变化,使沿管道传播的声波朝声源方向反射回去;另一方面则是通过改变扩张室和内接管长度,使前进的声波与管子不同界面上的反射波之间的相位相差180°,发生干涉而相互抵消,从而达到消声的目的。

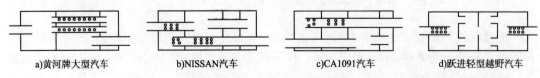

a)黄河牌大型汽车   b)NISSAN汽车   c)CA1091汽车   d)跃进轻型越野汽车

图8-6 汽车排气消声器示意图

8.4.2 低噪声车身设计

乘用车的噪声频率较低一般特别是 20 ~ 100Hz 的低频噪声,严重影响了驾驶员和乘客的乘坐舒适性,必须对其加以抑制。然而,在如此低的频带内,常规的吸声、隔声措施几乎无效,而有源消声由于低频扬声器尺寸的限制也不能很好地工作。为了克服这些困难,一种可行的思路是通过适当修改车身乘坐室的结构参数而达到抑制车内噪声的目的。并且,在工程实际中,这种修改一般是有条件的,例如,在实现车内降噪的同时还需要满足轻量化要求、乘用空间要求、空气动力学要求等。也就是说,对车身乘坐室的结构修改实际上是一个优化设计问题。根据研究表明,20 ~ 100Hz 的车内低频噪声主要是由乘坐室壁板结构振动产生的声辐射,并且由于乘坐室为典型的弹性薄壁腔体结构,其壁板振动与车内噪声间存在着强烈的耦合关系。应建立车身结构的低噪声优化设计模型,确定车内噪声变化量与乘坐室壁板结构修改量之间的定量关系,这实际上就是确定优化设计的目标函数。通过适当调整车身乘坐室壁板结构的质量、阻尼及刚度,不仅可以达到抑制车内噪声的目的,而且,在工程实际中,这种调整还必须满足一定的限制条件。例如,一般不允许因车内降噪处理而引入过多的附加重量等。

8.4.3 风扇噪声控制

风扇噪声由旋转噪声和涡流噪声组成。

旋转噪声又叫叶片噪声,是由于旋转着的叶片周期性地切割空气,引起空气的压力脉动产生的,其基频为

$$f_1 = \frac{nZ}{60} \tag{8-26}$$

式中:n——风扇转速,r/min;

Z——叶片数。

除基频外,其高次谐波有时也较突出。

风扇转动时使周围气体产生涡流,涡流由于黏滞力的作用又分裂成一系列分离的小涡流。这些小涡流及其分裂过程使空气发生扰动,形成压缩与稀疏过程,从而产生涡流噪声。它一般是宽频带噪声,主要峰值频率为

$$f_{max} = k \frac{v}{d} \tag{8-27}$$

式中:v——风扇圆周速度,m/s;

d——叶片在气流入射方向上的厚度,m;

k——常数,取值范围为 0.15-0.22。

显然 f_{max} 与 u 成正比,但旋转叶片上的圆周速度随着与圆心距离不同而连续变化,涡流噪声呈明显的连续谱特征。

风扇噪声随转速增加而迅速提高,如图 8-7 所示,转速提高 1 倍,声级增加 11 ~ 17dB。通常在低转速时,风扇噪声比发动机本体噪声低得多,但在高转速时,风扇噪声往往成为主要甚至最大的噪声源。

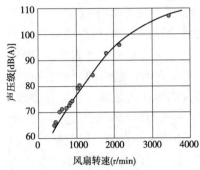

图 8-7　风扇噪声随转速的变化

控制风扇噪声可以从以下几方面着手:

(1)适当选择风扇与散热器之间的距离。试验表明,汽车风扇与散热器之间的最佳距离为 100 ~ 200mm,这样既能很好地发挥风扇的冷却能力,又能使噪声最小。

(2)因为风扇叶片附近涡流的强度与叶片形状有密切关系,所以可改进叶片形状,使之有较好的流线型和合适的弯曲角度,从而降低涡流强度,达到控制噪声的目的。

(3)试验表明,叶片材料对其噪声也有一定的影响。铸铝叶片比冲压钢板叶片的噪声小,有机合成材料(如玻璃钢、高强度尼龙等)叶片比金属叶片噪声小。

(4)汽车行驶过程中风扇必须工作的时间一般不到 10% ,因此装风扇离合器使风扇仅在必要的时间工作,不仅可以减少发动机功率损耗和使发动机经常处在适宜的温度下工作,还可起到降低噪声的作用。

(5)叶片非均匀分布,如四叶片风扇的叶片间夹角布置为 70°和 110°,可有效地降低风扇噪声频谱中那些突出的线状频率尖峰,使噪声频谱变得较为平坦,从而起到降低噪声的作用

本章小结

本章重点介绍了噪声的基础知识,噪声是由振动而产生的;声级和频率是噪声的基本要素,噪声评价和测量一般以 A 声级为准。发动机噪声是汽车噪声的主要来源,按产生机理,发动机噪声可分为燃烧噪声、机械噪声和空气动力性噪声,针对不同的噪声产生机理,需要采取不同的噪声控制措施。

自测题

一、单选题

1. 在进气过程中气流高速流过进气门流通截面,会形成强烈的涡流噪声,其主要频率成分范围为(　　)。

　　A. 1000 ~ 2000Hz　　　　　　　　B. 20 ~ 100Hz

　　C. 10000 ~ 20000Hz　　　　　　　D. 100 ~ 200Hz

2. 乘用车的噪声频率较低,一般对人体影响较大的频率范围为(　　)特别是低频噪声。

　　A. 1000 ~ 2000Hz　　　　　　　　B. 20z ~ 100Hz

　　C. 10000 ~ 20000Hz　　　　　　　D. 100 ~ 200Hz

3.实验表明,活塞与汽缸的间隙增大 1 倍时,其噪声可增加( )。

    A. 3 ~ 4dB   B. 30 ~ 40dB

    C. 5 ~ 10dB   D. 10 ~ 20dB

二、判断题

1.排气消声原理主要表现可以利用管道的截面突变引起声阻抗变化,使沿管道传播的声波朝声源方向反射回去。 ( )

2.喷油泵产生的噪声,主要是由周期性变化的柱塞上部的燃油压、高压油管内的燃油压力以及发动机往复运动惯性力激发泵体自身产生的。 ( )

3.通常人耳只能感受到 20 ~ 2000Hz 频率范围内的声音,高于 2000Hz 的声波称超声,低于 20Hz 的声音称为次声。 ( )

三、简答题

1.什么是噪声的主观评价?什么是 A 计权声级?

2.三个噪声声级 A、B 和 C,声级大小分别是 78dB(A),79dB(A)和 80dB(A),请问合成声压级是多少?

3.简述控制风扇噪声的有效措施。

参考文献

[1] 李兴虎.汽车环境污染与控制[M].北京:国防工业出版社,2011.

[2] 潘公宇,盘朝奉.汽车运用工程[M].北京:国防工业出版社,2013.

[3] 闫光辉,高鲜萍.汽油发动机构造与原理[M].北京:科学出版社,2009.

[4] 贺克斌,杨复沫,段凤魁,等.大气颗粒物与区域复合污染[M].北京:科学出版社,2011.

[5] 汽车百科全书编纂委员会.汽车百科全书[M].北京:中国大百科全书出版社,2010.

[6] 俞瑶.典型后处理器对柴油机颗粒物微观物理化学特性的影响[D].天津:天津大学,2014.

[7] 刘巽俊.内燃机的排放与控制[M].北京:机械工业出版社,2005.

[8] 中华人民共和国环境保护部.中国机动车污染防治年报[M].北京:中华人民共和国环境保护部,2017.

[9] 中国汽车工业协会.中国汽车工业年鉴[M].北京:中国汽车工业协会,2017.

[10] 史文库.汽车现代新技术[M].北京:国防工业出版社,2009.

[11] 程至远.内燃机排放与净化[M].北京:北京理工大学出版社,2000.

[12] 王军方,丁焰,尹航,等.DOC技术对柴油机排放颗粒物数浓度的影响[J].环境科学研究,2011,24(7):711-715.

[13] 李福海.浅谈汽油机尾气排放的控制[J].装备制造技术,2009,7.

[14] 刘鹏.汽车尾气排放控制技术[D].石家庄:石家庄铁道学院,2006.

[15] 周玉明.内燃机废气排放及控制技术[M].北京:人民交通出版社,2001.

[16] 马亚琴,刘洪.汽油机车辆尾气排放控制技术[M].北京:北京理工大学出版社,2006.

[17] 李岳林.汽车排放与噪声控制[M].北京:人民交通出版社股份有限公司,2017.